微积分 Ⅰ

马 荣 张玉莲 王夕予 袁明霞 编

Calculus

南京大学出版社

图书在版编目(CIP)数据

微积分.Ⅰ / 马荣等编.--南京:南京大学出版社,2016.8(2018.7重印)

ISBN 978-7-305-17074-4

Ⅰ.①微… Ⅱ.①马… Ⅲ.①微积分-高等学校-教材 Ⅳ.①O172

中国版本图书馆 CIP 数据核字(2016)第 128661 号

出版发行　南京大学出版社
社　　址　南京市汉口路 22 号　　　　　　　　邮　编　210093
出版人　金鑫荣
书　　名　微积分(Ⅰ)
编　者　马　荣　张玉莲　王夕予　袁明霞
责任编辑　刘　琦　　　　　　　　　　　　编辑热线 025-83593923
照　　排　南京理工大学资产经营有限公司
印　　刷　南京京新印刷厂
开　　本　787×960　1/16　印张 15　字数 214 千字
版　　次　2016 年 8 月第 1 版　2018 年 7 月第 2 次印刷
ISBN　978-7-305-17074-4
定　　价　35.00 元

网　　址:http://www.njupco.com
官方微博:http://weibo.com/njupco
微信服务号:njuyuexue
销售咨询热线:(025)83594756

前　言

　　本书是根据教育部高等学校大学数学课程教学指导委员会 2014 年颁布的《大学数学课程教学基本要求》中"经济和管理类本科数学基础课程教学基本要求"编写的,可以作为大学经济和管理类学生学习微积分课程的教材和参考书,其他相关专业也可以使用。

　　作为面向独立学院经济和管理类学生的微积分教材,本书紧扣独立学院培养具有创新精神的应用型人才的目标,结合数学的学科特征,立足于基础与应用并重,以提高数学素养为目标。在基础与应用并重的思想指导下,我们编写教材与教学实践紧密结合,在实践中编写,编写后再实践,反复完善。在编写中,努力做到:

　　(1) 注重数学的思想与方法,使得学生通过学习本书,不仅获得基本概念、基本定理、基本方法,还能使学生得到一些基本的科学训练,学到数学的思维方式,提高逻辑推理能力。

　　(2) 注重数学的应用,使得学生通过本书的学习,能够更好地学习相关专业课的核心概念如边际成本、边际收入、边际利润、弹性等。

　　本书介绍了微积分的基本理论与方法。上册内容包含预备知识、极限与连续、导数与微分、一元函数积分学,下册内容包含向量代数与空间解析几何、多元函数微分学、二重积分、无穷级数、常微分方程与差分方程,共九章,适用于应用型本科院校,尤其是独立学院各相关专业。本书可安排两个学期,每周 6 学时,共讲授 192 学时。书中用"＊"标出段落为较难内容,供任课教师选用,一般留给有兴趣的学生课外阅读或查阅。书中的习题分为 A,B 两组,A组为基本要求,B组为较高要求,书末附有部分习题答案与提示。

本书由南京大学金陵学院大学数学教研室编著,分Ⅰ、Ⅱ两册。Ⅰ册中,张玉莲编写第1章与第3章3.5节至3.9节,马荣编写第2章,王夕予编写第3章3.1节至3.4节,袁明霞编写第4章。Ⅱ册中,邓建平编写第5章和第7章,林小围编写第6章,章丽霞编写第8章,王培编写第9章。Ⅰ册由马荣统稿,Ⅱ册由章丽霞统稿。教研室主任黄卫华教授对全部教材进行了仔细地审校,提出了许多有益的建议。

感谢省教育厅与南京大学出版社合作将本课程建设项目立项进行教材建设。感谢南京大学金陵学院教务处和基础教学部领导对编者们的关心和支持。感谢南京大学孔敏教授、陈阶智教授以及兄弟院校的郭宜彬、汪鹏、魏云峰、邵宝刚等老师对本课程的一贯支持。感谢南京大学出版社吴汀和刘琦两位编辑的认真负责与悉心编校,使本书质量大有提高。

书中不足与错误难免,敬请专家、同行和读者不吝赐教。

编　者
2016.3.30

目　　录

第1章 预备知识

1.1 预备知识

首先介绍本书中常用的数学符号:

(1) $\forall$:表示"对于任意给定的"或"对所有的". 例如,"$\forall \varepsilon > 0$"表示"对于任意一个正数 ε".

(2) $\exists$:表示"存在某个"或"至少有一个". 例如,"$\exists \delta > 0$"表示"存在正数 δ".

(3) $\Rightarrow$:表示"推出". 例如,"$P \Rightarrow Q$"表示"若命题 P 成立,可推出命题 Q 也成立","命题 P 是 Q 的充分条件"或"命题 Q 是 P 的必要条件".

(4) $\Leftrightarrow$:表示"等价"或"充分必要". 例如,"$P \Leftrightarrow Q$"表示"命题 P 与 Q 等价"或"命题 P 的充分必要条件是 Q".

(5) $\max$:表示"最大". 例如,$\max\{-1,1,3\} = 3$.

(6) $\min$:表示"最小". 例如,$\min\{-1,1,3\} = -1$.

(7) $\sum$:表示"求和". 例如,$\sum\limits_{i=1}^{n} a_i = a_1 + a_2 + \cdots + a_n$.

(8) $\prod$:表示"求积". 例如,$\prod\limits_{i=1}^{n} a_i = a_1 a_2 \cdots a_n$.

(9) □:表示一个定理、推论证明结束,或一个例题解答完毕.

1.1.1 集合

一、集合的概念

集合是指所考察的具有共同特性的对象的全体. 例如,一个班级的所有学生组成一个集合,全体实数构成一个集合等.组成集合的每一个对象称为该集合的**元素**.

通常用大写字母 $A,B,C,\cdots$ 表示集合,用小写字母 $a,b,c,\cdots$ 表示集合的元素.若 x 是集合 A 的元素,则称 x 属于 A,记作 $x\in A$;如果 x 不是集合 A 的元素,则称 x 不属于 A,记作 $x\notin A$.由有限多个元素组成的集合称为**有限集**,由无穷多个元素组成的集合称为**无限集**.不含任何元素的集合称为**空集**,记作 $\varnothing$.

通常可用列举法和描述法来表示集合.

所谓列举法,就是把集合的全体元素一一列举出来表示.例如,由元素 $a_1,a_2,\cdots,a_n$ 组成的集合 A,记作

$$A=\{a_1,a_2,\cdots,a_n\}.$$

所谓描述法,就是通过描述集合中元素的共同特性来表示集合.一般地,若集合 S 由具有性质 P 的元素 x 组成,则记作

$$S=\{x\mid x \text{ 具有性质 } P\}.$$

例如,集合 B 是方程 $x^2-3x+2=0$ 的解集,则可表示为

$$B=\{x\mid x^2-3x+2=0\}.$$

通常用 **N** 表示自然数集,用 $\mathbf{N}^*$ 表示正整数集,用 **Z** 表示整数集,用 **Q** 表示有理数集,即

$$\mathbf{N}=\{0,1,2,\cdots,n,\cdots\}.$$
$$\mathbf{N}^*=\{1,2,3,\cdots,n,\cdots\}.$$
$$\mathbf{Z}=\{0,\pm 1,\pm 2,\cdots,\pm n,\cdots\}.$$
$$\mathbf{Q}=\left\{x\,\middle|\,x=\frac{p}{q},p\in\mathbf{Z},q\in\mathbf{N}^*,\text{且 } p \text{ 与 } q \text{ 互质}\right\}.$$

有理数总可用有限小数或无限循环小数表示.将无限不循环小数称为无理数,有理数与无理数统称为实数.全体实数的集合称为实数集,记为 $\mathbf{R},\mathbf{R}^+$

为全体正实数集.

设 A,B 是两个集合,若 $\forall x \in A \Rightarrow x \in B$,则称 A 是 B 的**子集**,记作 $A \subset B$. 我们规定空集 $\varnothing$ 是任何集合的子集. 例如,$A=\{1,2\}$,则 A 的全部子集有 $\varnothing$, $\{1\},\{2\},\{1,2\}$.

如果集合 A 与集合 B 互为子集,即 $A \subset B$ 且 $B \subset A$,则称 A 与 B **相等**,记作 $A=B$. 例如,$A=\{1,2\}$,$B=\{x \mid x^2-3x+2=0\}$,则 $A=B$.

二、集合的运算

集合的基本运算有交、并、差、补这几种,定义如下:

$$A \cup B = \{x \mid x \in A \text{ 或 } x \in B\},\text{称为 } A \text{ 与 } B \text{ 的并集};$$

$$A \cap B = \{x \mid x \in A \text{ 且 } x \in B\},\text{称为 } A \text{ 与 } B \text{ 的交集};$$

$$A \backslash B = \{x \mid x \in A \text{ 且 } x \notin B\},\text{称为 } A \text{ 与 } B \text{ 的差集}.$$

在研究集合与集合之间的关系时,将具有某种性质的研究对象的全体称为全集,记为 U. 若 $A \subset U$,则

$$\overline{A} = \{x \mid x \in U \text{ 且 } x \notin A\},\text{称为 } A \text{ 的补集}.$$

1.1.2 区间与邻域

区间是用得较多的一类数集. 设 $a,b \in \mathbf{R}$,且 $a<b$,有

(1) 开区间:$(a,b)=\{x \mid a<x<b\}$;

(2) 闭区间:$[a,b]=\{x \mid a \leqslant x \leqslant b\}$;

(3) 半开半闭区间:$[a,b)=\{x \mid a \leqslant x<b\}$,$(a,b]=\{x \mid a<x \leqslant b\}$;

(4) 无穷区间:$(a,+\infty)=\{x \mid x>a\}$,$[a,+\infty)=\{x \mid x \geqslant a\}$,

$$(-\infty,b)=\{x \mid x<b\},\quad (-\infty,b]=\{x \mid x \leqslant b\}.$$

上述前三种区间称为有限区间,$b-a$ 称为区间长度. 第四种区间称为无穷区间,其中"$+\infty$"读作"正无穷大","$-\infty$"读作"负无穷大",它们仅为一种符号,并不是具体的实数. 实数集 $\mathbf{R}$ 也记作 $(-\infty,+\infty)$,是一个无穷区间.

在不需要考虑区间的具体形式时,简单地称其为"区间",并用字母 I,X

等表示.

　　设 δ 为任意正实数,称开区间 $(a-\delta,a+\delta)$ 为**点 a 的 δ 邻域**,记作 $U(a,\delta)$,即

$$U(a,\delta) = \{x \mid \mid x-a \mid < \delta\}.$$

其中,点 a 称为**邻域的中心**,δ 称为**邻域的半径**.$U(a,\delta)$ 中去掉邻域中心 a 得到的集合称为**点 a 的去心 δ 邻域**,记作 $\mathring{U}(a,\delta)$,即

$$\mathring{U}(a,\delta) = U(a,\delta) \backslash \{a\} = \{x \mid 0 < \mid x-a \mid < \delta\}.$$

称开区间 $(a-\delta,a)$ 为**点 a 的左 δ 邻域**,$(a,a+\delta)$ 为**点 a 的右 δ 邻域**.

1.1.3　数集的界

　　定义 1.1.1　（数集的界）设 S 为 **R** 中的一个数集,若存在实数 M(或 m),使得 $\forall x \in S$,都有 $x \leqslant M$(或 $x \geqslant m$),则称 M(或 m)为**数集 S 的上界**(或**下界**),并称 S 为**上有界**(或**下有界**)集合.若 S 既有上界又有下界,则称 S 为**有界集合**.若 $\forall M>0$,$\exists x \in S$,使得 $x>M$(或 $x<-M$),则称 S 为**上无界**(或**下无界**)集合,上无界集合和下无界集合统称**无界集合**.

　　例如,自然数集 **N** 是一个下有界上无界的集合,0 是 **N** 的一个下界.闭区间 $[-1,1]$ 是一个有界集合,-1 是它的一个下界,1 是它的一个上界.

　　*定义 1.1.2　（上确界与下确界）若数集 S 上有界,则 S 有无数多个上界,所有上界中最小者称为 S 的**上确界**,记作 $\sup S$;若 S 下有界,则 S 有无数多个下界,所有下界中最大者称为 S 的**下确界**,记作 $\inf S$.

　　例如,$S_1=(-1,1]$,则 $\sup S_1=1$,$\inf S_1=-1$. 对 $S_2=\left\{\dfrac{1}{n^2} \middle| n \in N^*\right\}$,有 $\sup S_2=1$,$\inf S_2=0$. 由此可见,数集 S 的上确界与下确界可能属于 S,也可能不属于 S.

　　*定理 1.1.1　（确界定理）每一个非空上有界(或下有界)集合必有唯一的实数作为其上确界(或下确界).

习 题 1.1

A 组

1. 设 $A=\{0\}$，$B=\{0,1\}$，判断下列陈述是否正确？

(1) $A=\varnothing$；　(2) $A \subset B$；　(3) $0 \subset B$；　(4) $\{0\} \subset B$；　(5) $A \bigcap B=0$；

(6) $A \bigcup B=B$.

2. 设全集 U 为小于 10 的正整数组成的集合，其子集 A,B 为 $A=\{$奇数$\}$，$B=\{3$ 的倍数$\}$，

求：(1) $A \bigcap B$；　(2) $A \bigcup B$；　(3) $A \backslash B$.

3. 设集合 $A=\{1,2,3,4,5\}$，$B=\{(x,y) \mid x \in A, y \in A, x-y \in A\}$，求集合 B 中的元素个数.

4. 下列集合是否有上(或下)确界？若有的话，写出其上(或下)确界：

(1) $S_1=\left\{n-\dfrac{1}{n} \,\middle|\, n \in \mathbf{N}^*\right\}$；　　(2) $S_2=\left\{\dfrac{1}{n^{(-1)^n}} \,\middle|\, n \in \mathbf{N}^*\right\}$；

(3) $S_3=(-3,10) \bigcup (20,100)$.

B 组

1. 设 A,B 是任意集合，求证：

(1) $\overline{A \bigcap B}=\overline{A} \bigcup \overline{B}$；　　　　　(2) $\overline{A \bigcup B}=\overline{A} \bigcap \overline{B}$.

2. 设 $A=\{x \mid x^3+2x^2-x-2>0\}$，$B=\{x \mid x^2+ax+b \leqslant 0\}$. 试求能使 $A \bigcup B=\{x \mid x+2>0\}$，$A \bigcap B=\{x \mid 1<x \leqslant 3\}$ 的 a,b 的值.

1.2 一元函数

1.2.1 映射与函数

定义 1.2.1 （映射）设 A,B 是两个非空集合，若 $\forall x \in A$，按某对应法则 f 有唯一的 $y \in B$ 与之对应，则称 f 为由 A 到 B 的**映射**，记为 $f:A \rightarrow B$. 称 y

为 x 关于映射 f 的**像**，记为 $f(x)$，称 x 为 y 的**原像**，称 A 为映射 f 的**定义域**，记为 D_f，称 A 中元素的像 $f(x)$ 的集合为映射 f 的**值域**，记为 R_f 或 $f(A)$。

例 1.2.1 设 $f:\mathbf{R}\to\mathbf{R}$，对 $\forall x\in\mathbf{R}$，$f(x)=|x|$。显然，f 是一个映射，f 的定义域 $D_f=\mathbf{R}$，值域 $R_f=\{y\,|\,y\geqslant0\}\subset\mathbf{R}$。$\forall y\in R_f$，$y\neq0$，其原像都不是唯一的。如 $y=1$ 的原像就有 $x=1$ 和 $x=-1$ 两个。

下面介绍几类特殊的映射：

（1）若 $R_f=B$，则称 $f:A\to B$ 为**满映射**；

（2）若 $\forall x_1,x_2\in A$，$x_1\neq x_2$，有 $f(x_1)\neq f(x_2)$，则称 $f:A\to B$ 为**单映射**；

（3）若 $f:A\to B$ 既是单映射又是满映射，则称 $f:A\to B$ 为 **1−1 映射**，或**双映射**。

例 1.2.1 中映射 $f:\mathbf{R}\to\mathbf{R}$ 既不是单映射，也不是满映射。

例 1.2.2 设 A 为金陵学院 2015 届新生的集合，B 为该校所有宿舍的集合。$\forall x\in A$，$y=f(x)$ 表示该新生的所在宿舍，则 $f:A\to B$ 既不是单映射，也不是满映射。

例 1.2.3 $y=\sin x:\mathbf{R}\to\mathbf{R}$ 既不是单映射也不是满映射；$y=\sin x:\mathbf{R}\to[-1,1]$ 是满映射但不是单映射；$y=\sin x:\left[-\dfrac{\pi}{2},\dfrac{\pi}{2}\right]\to[-1,1]$ 是双映射。

定义 1.2.2 （函数）设 $D\subset\mathbf{R}$，称映射 $f:D\to\mathbf{R}$ 为**一元函数**，简记为

$$y=f(x),x\in D.$$

其中 x 称为**自变量**，y 称为**因变量**或 x 的**函数**，D 称为函数的**定义域**，即 $D_f=D$。值域 $R_f=\{y\,|\,y=f(x),x\in D\}$。

表示函数的记号可以任意选取，除了常用的 f 外，也可用其他英文字母或希腊字母，如"g"，"F"，"φ"等。相应地，将函数记作 $y=g(x)$，$y=F(x)$，$y=\varphi(x)$ 等。有时还直接用因变量的记号来表示函数，即 $y=y(x)$。

在函数定义中，定义域及对应法则是两个基本要素。定义域和对应法则确定之后，值域也就随之确定了。所以，函数的值域通常不必指明。如果两个函数

的定义域及对应法则都相同,那么这两个函数就相同.

例 1.2.4 判别下列函数 f 与 g 是否相同:

(1) $f(x)=(\sqrt[3]{x})^3, g(t)=(\sqrt[3]{t})^3$;

(2) $f(x)=\ln x^2, g(x)=2\ln x$.

解 (1) 函数 f 与 g 的定义域都是 $(-\infty,+\infty)$,对应法则也相同,所以 f 与 g 是相同函数,与自变量用什么符号表示无关.

(2) 函数 f 的定义域为 $\{x|x\neq 0\}$,函数 g 的定义域为 $\{x|x>0\}$. 所以,函数 f 与 g 不相同. □

函数的表示有表格法、图形法及解析法三种. 表格法就是用表格的形式给出自变量 x 与函数值 $f(x)$ 之间的关系. 例如,常用的对数函数表、三角函数表等. 坐标平面上的点集 $\{(x,y)|y=f(x),x\in D\}$ 称为函数 $y=f(x),x\in D$ 的图形或图像. 图形法就是在坐标平面上用函数的图像表示函数. 解析法就是用数学表达式表示自变量和因变量之间的对应关系. 例如,$y=\sqrt{1-x^2}$,$y=\ln x+\dfrac{1}{x+2}$ 给出了因变量 y 与自变量 x 之间的函数关系. 对于用解析法给出的函数,约定其定义域为使得解析式有意义的一切实数组成的集合,这种定义域称为函数的自然定义域. 例如,$y=\sqrt{1-x^2}$ 后面没有指定定义域,则其定义域为闭区间 $[-1,1]$. 对有实际背景的函数,其定义域根据实际背景中变量的实际意义确定. 例如,圆的面积 S 与半径 r 之间有函数关系 $S=\pi r^2$,其定义域为一切正实数.

例 1.2.5 某工厂生产某型号车床,年产量为 100 台,分若干批进行生产,每批生产准备费为 2 000 元,设产品均匀投放市场,即平均库存量为批量的一半. 设每年每台库存费为 100 元. 显然,生产批量大则库存费高;生产批量少则批数增多,因而生产准备费高. 为了选择最优批量,试求出一年中库存费与生产准备费的和与批量的函数关系.

解 设每批的生产量为 x 台,一年中库存费与生产准备费的和为 y. 则一

年中生产批次为 $\dfrac{100}{x}$，故生产准备费为 $2\,000\times\dfrac{100}{x}$，库存费为 $\dfrac{x}{2}\times100$，因此

$$y=2\,000\times\frac{100}{x}+\frac{x}{2}\times100=\frac{200\,000}{x}+50x,(x>0).\qquad\square$$

例 1.2.6　指出函数 $f(x)=\ln(3x-2)+\dfrac{1}{\sqrt{1-x^2}}$ 的定义域.

解　由 $\begin{cases}3x-2>0;\\1-x^2>0,\end{cases}$ 得 $\begin{cases}x>\dfrac{2}{3};\\-1<x<1.\end{cases}$ 故定义域为 $\left(\dfrac{2}{3},1\right)$.　　$\square$

除了用一个数学式子表示的函数外,有些函数当自变量的取值范围不同时,函数的对应法则也不同,这种函数称为**分段函数**.

例 1.2.7　（绝对值函数）$y=|x|=\begin{cases}x,&x\geqslant0;\\-x,&x<0.\end{cases}$

其图形如图 1.1 所示.

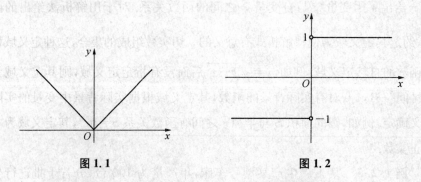

图 1.1　　　　　　　　　　　　　　图 1.2

例 1.2.8　（符号函数）$y=\operatorname{sgn}x=\begin{cases}1,&x>0;\\0,&x=0;\\-1,&x<0.\end{cases}$

其图形如图 1.2 所示.

例 1.2.9 （取整函数）$\forall x \in \mathbf{R}$，将不超过 x 的最大整数记为 $[x]$，称函数

$$y = [x] = k, k \leqslant x < k+1,$$

为取整函数，其图形如图 1.3 所示.

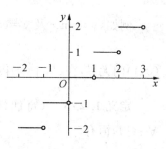

图 1.3

1.2.2 函数的基本性质

定义 1.2.3 （单调性）设函数 $f(x)$ 的定义域为 D，区间 $I \subset D$. 若 $\forall x_1, x_2 \in I, x_1 < x_2$，总有

$$f(x_1) \leqslant f(x_2)(\text{或 } f(x_1) \geqslant f(x_2)),$$

则称函数 $y = f(x)$ 在区间 I 上**单调增**（或**单调减**）；若上式改为

$$f(x_1) < f(x_2)(\text{或 } f(x_1) > f(x_2)),$$

则称函数 $y = f(x)$ 在区间 I 上**严格增**（或**严格减**）.

若函数 $f(x)$ 在其定义域 D 上单调增或单调减，则称 $f(x)$ 为**单调函数**.

例如，$y = x^2$ 在区间 $(-\infty, 0]$ 上严格减，在区间 $(0, +\infty)$ 上严格增，但 $y = x^2$ 在 $(-\infty, +\infty)$ 上不是单调函数. $y = x^3$ 在定义域 $(-\infty, +\infty)$ 上严格增，是单调函数.

定义 1.2.4 （有界性）设函数 $f(x)$ 的定义域为 D，区间 $I \subset D$. 若 $\exists M \in \mathbf{R}$，对 $\forall x \in I$，有

$$f(x) \leqslant M(\text{或 } f(x) \geqslant M),$$

则称函数 $f(x)$ 在 I 上有**上界**（或**下界**），M 称为 $f(x)$ 在 I 上的一个上界（或下界）. 若 $f(x)$ 在 I 上既有上界又有下界，则称 $f(x)$ 在 I 上**有界**.

函数 $f(x)$ 在区间 I 上有界可等价表述为：$\exists M > 0$，使得 $\forall x \in I$，总有 $|f(x)| \leqslant M$. 此处，M 称为 $f(x)$ 在 I 上的一个界.

若函数 $f(x)$ 在其定义域区间 D 上有界，则称 $f(x)$ 为**有界函数**. 否则称为**无界函数**.

例如，$y = \sin x$ 及 $y = \cos x$ 在 $(-\infty, +\infty)$ 上有界，为有界函数；$y = \dfrac{1}{x}$ 在 $(0,1)$ 内无界，在 $(1, +\infty)$ 内有界，所以 $\dfrac{1}{x}$ 在 $(0, +\infty)$ 内为无界函数.

定义 1. 2. 5　（奇偶性）设函数 $f(x)$ 的定义域 D 关于原点对称，若 $\forall x \in I$，恒有

$$f(-x) = f(x)(\text{或 } f(-x) = -f(x)),$$

则称 $f(x)$ 为**偶函数**（或**奇函数**）.

偶函数的图形关于 y 轴对称，因为若 $f(x)$ 是偶函数，则 $f(-x) = f(x)$. 所以，如果 $A(x, f(x))$ 是图形上的点，则 A 关于 y 轴对称的点 $A'(-x, f(x))$ 也在图形上. 类似地，奇函数的图形关于原点对称.

我们常见的函数 $y = \sin x$，$y = \mathrm{sgn}\, x$，$y = x^3$ 为奇函数；$y = \cos x$，$y = |x|$，$y = x^2$ 则是偶函数. 函数 $y = \sin x + \cos x$ 既非奇函数，也非偶函数.

定义 1. 2. 6　（周期性）设函数 $f(x)$ 的定义域为 D，若 $\exists T \in \mathbf{R}$，$T \neq 0$，$\forall x \in D$，使得

$$f(x + T) = f(x),$$

则称 $f(x)$ 为**周期函数**，T 为 $f(x)$ 的**周期**.

通常我们所说周期函数的周期是指最小正周期，即使得 $f(x+T) = f(x)$ 成立的最小正数 T.

例如，$y = \sin x$，$y = \cos x$ 都是以 2π 为周期的周期函数；$y = \tan x$ 是以 π 为周期的周期函数. 常值函数 C 也是周期函数，但无最小正周期.

1. 2. 3　反函数与复合函数

定义 1. 2. 7　（反函数）设函数 $y = f(x) : D \rightarrow R_f$ 为双映射，则 $\forall y \in R_f$，存在唯一的 $x \in D$ 使得 $f(x) = y$，这个由 R_f 到 D 的映射称为 $y = f(x)$ 的**反函数**. 记为

$$f^{-1}:R_f \to D \text{ 或 } x = f^{-1}(y), y \in R_f.$$

反函数 $x = f^{-1}(y)$ 的定义域为原函数 $y = f(x)$ 的值域. 由反函数定义知

$$f(x) = y \Leftrightarrow f^{-1}(y) = x, \forall x \in D, y \in R_f.$$

例如 $y = x^3 : \mathbf{R} \to \mathbf{R}$ 是双映射, 所以存在反函数 $x = \sqrt[3]{y}, y \in \mathbf{R}$. 习惯上, 仍用 x 表示自变量, y 表示因变量, 于是 $y = x^3, x \in \mathbf{R}$ 的反函数通常写为 $y = \sqrt[3]{x}, x \in \mathbf{R}$. 一般地, 将 $y = f(x), x \in D$ 的反函数写为 $y = f^{-1}(x), x \in R_f$. 此时, $y = f(x), x \in D$ 与 $y = f^{-1}(x), x \in R_f$ 的图像关于直线 $y = x$ 对称.

例 1.2.10　求 $f(x) = \begin{cases} \lg(x+1), & x > 0; \\ 2x, & x \leqslant 0 \end{cases}$ 的反函数.

解　当 $x > 0$ 时, $y = f(x) = \lg(x+1) > 0$, 从而 $x = 10^y - 1$, 故

$$f^{-1}(x) = 10^x - 1, x > 0.$$

当 $x \leqslant 0$ 时, $y = f(x) = 2x \leqslant 0$, 从而 $x = \dfrac{y}{2}$, 故

$$f^{-1}(x) = \frac{x}{2}, x \leqslant 0.$$

于是, 反函数为 $f^{-1}(x) = \begin{cases} 10^x - 1, & x > 0; \\ \dfrac{x}{2}, & x \leqslant 0. \end{cases}$　□

例 1.2.11　函数 $y = \sin x : \left[-\dfrac{\pi}{2}, \dfrac{\pi}{2}\right] \to [-1, 1]$ 是双映射, 存在反函数, 称为**反正弦函数**, 记为 $y = \arcsin x$, 它的定义域为 $[-1, 1]$, 值域为 $\left[-\dfrac{\pi}{2}, \dfrac{\pi}{2}\right]$, 即

$$y = \arcsin x : [-1, 1] \to \left[-\frac{\pi}{2}, \frac{\pi}{2}\right].$$

反正弦函数的图形如图 1.4 所示. 类似地,将 $y=\cos x:[0,\pi]\rightarrow[-1,1]$ 的反函数

$$y = \arccos x : [-1,1] \rightarrow [0,\pi],$$

称为**反余弦函数**,图形如图 1.5 所示.

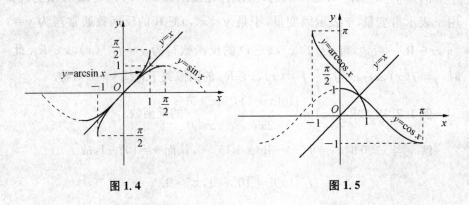

图 1.4　　　　　　　　　　　图 1.5

　　定义 1.2.8　(复合函数)设有函数 $y=f(u)$, $u\in D_f$ 及 $u=\varphi(x)$, $x\in D_\varphi$, 若 $R_\varphi\subset D_f$,则对 $\forall x\in D_\varphi$,通过函数 φ 对应有唯一的 $u=\varphi(x)$,而 u 又通过函数 f 对应唯一的值 y. 这样就确定了一个定义域为 D_φ,以 x 为自变量,y 为因变量的函数,称为由函数 f 与 φ 经复合运算而得到的**复合函数**,记为

$$y = f(\varphi(x)), x \in D_\varphi \text{ 或 } y = (f \circ \varphi)(x), x \in D_\varphi,$$

称 f 为**外函数**,φ 为**内函数**,u 为**中间变量**.

　　例如,$y=\ln(2x-1)$ 是由函数 $y=\ln u$ 与 $u=2x-1$ 复合而成,其定义域为 $\left(\dfrac{1}{2},+\infty\right)$. 而函数 $y=\arcsin u$ 与 $u=x^2+4$ 不能构成复合函数,因为 $\forall x\in$ **R**,$u=x^2+4$ 均不在 $y=\arcsin u$ 的定义域 $[-1,1]$ 内.

　　复合函数也可以由多个函数相继复合而成,例如 $y=\sqrt[3]{\sin\sqrt{x}}$ 是由函数 $y=\sqrt[3]{u}$,$u=\sin v$,$v=\sqrt{x}$ 复合而成的,这里 u,v 都是中间变量.

例 1.2.12　设 $f(x)=\begin{cases}\sqrt{x}, & x\geqslant 1;\\ x, & x<1,\end{cases}$ $g(x)=\mathrm{e}^x$,求 $f(g(x))$ 及 $g(f(x))$.

解　$f(x),g(x)$ 满足复合条件,故

$$f(g(x))=\begin{cases}\sqrt{\mathrm{e}^x}, & \mathrm{e}^x\geqslant 1;\\ \mathrm{e}^x, & \mathrm{e}^x<1.\end{cases}$$

即

$$f(g(x))=\begin{cases}\mathrm{e}^{\frac{1}{2}x}, & x\geqslant 0;\\ \mathrm{e}^x, & x<0.\end{cases}$$

同理可得

$$g(f(x))=\mathrm{e}^{f(x)}=\begin{cases}\mathrm{e}^{\sqrt{x}}, & x\geqslant 1;\\ \mathrm{e}^x, & x<1.\end{cases}$$　□

1.2.4　初等函数

常值函数、幂函数、指数函数、对数函数、三角函数、反三角函数统称为**基本初等函数**.这六类函数是高等数学中重要的研究对象,下面逐一介绍.

1. 常值函数($y=C$)

常值函数 $y=C$ 的定义域为 $\mathbf{R}$,值域为 $\{C\}$,其图形是一条平行于 x 轴的直线,如图 1.6 所示.

2. 幂函数($y=x^{\mu},\mu\in\mathbf{R}$)

当 $\mu=0$ 时,$y=x^0=1(x\neq 0)$ 是常值函数.当 $\mu\neq 0$ 时,幂函数的定义域随 μ 而定.例如,当 $\mu\in\mathbf{N}^*$ 时,定义域为 $\mathbf{R}$;当 $-\mu\in\mathbf{N}^*$ 时,定义域为 $\{x\,|\,x\neq 0\}$;当 $\mu=\dfrac{1}{2}$ 时,$y=\sqrt{x}$ 的定义域为 $[0,+\infty)$;

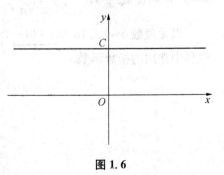

图 1.6

$\mu=-\dfrac{1}{2}$ 时,$y=\dfrac{1}{\sqrt{x}}$ 的定义域为 $(0,+\infty)$;当 $\mu=\dfrac{1}{3}$ 时,$y=\sqrt[3]{x}$ 的定义域为 **R**;

当 $\mu=-\dfrac{1}{3}$ 时,$y=\dfrac{1}{\sqrt[3]{x}}$ 的定义域为 $\{x\mid x\neq 0\}$.但不论 μ 取什么值,幂函数在

$(0,+\infty)$ 内总有定义.常用的幂函数及其图形如图 1.7(1)(2)(3)所示.

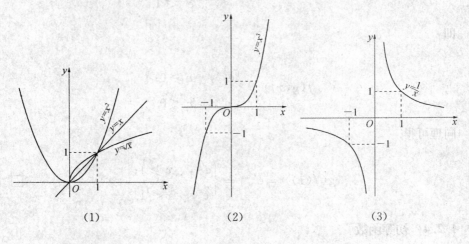

（1）　　　　　　　　（2）　　　　　　　　（3）

图 1.7

3. 指数函数($y=a^x$,$a>0$ 且 $a\neq 1$)

指数函数 $y=a^x$ 的定义域为 **R**,值域为 $\mathbf{R}^+$,所以指数函数的图形总在 x 轴的上方,且通过点 $(0,1)$.若 $a>1$,指数函数 $y=a^x$ 严格递增;若 $0<a<1$,$y=a^x$ 严格递减.$y=a^x$ 与 $y=\left(\dfrac{1}{a}\right)^x$ 的图形关于 y 轴对称,如图 1.8 所示.

以无理数 $e=2.718\,281\,828\cdots$ 为底的指数函数 $y=e^x$ 是工程技术等应用学科中常用的指数函数.

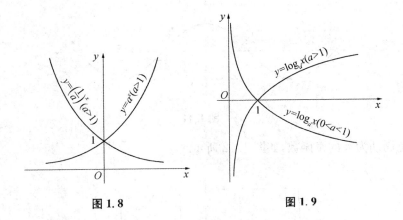

图 1.8　　　　　　　　图 1.9

4. 对数函数($y=\log_a x$, $a>0$ 且 $a\neq 1$)

对数函数 $y=\log_a x$ 的定义域为 $\mathbf{R}^+$, 值域为 $\mathbf{R}$, 其图形通过点 $(1,0)$. 若 $a>1$, $y=\log_a x$ 严格增; 若 $0<a<1$, $y=\log_a x$ 严格减, 如图 1.9 所示. 对数函数 $y=\log_a x$ 是指数函数 $y=a^x$ 的反函数.

5. 三角函数($y=\sin x$, $y=\cos x$, $y=\tan x$, $y=\cot x$, $y=\sec x$, $y=\csc x$)

正弦函数 $y=\sin x$ 的定义域为 $\mathbf{R}$, 值域为 $[-1,1]$, 是周期为 2π 的奇函数, 如图 1.10 所示.

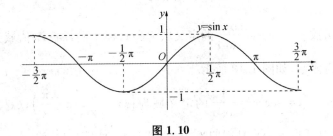

图 1.10

余弦函数 $y=\cos x$ 的定义域为 $\mathbf{R}$, 值域为 $[-1,1]$, 是周期为 2π 的偶函数, 如图 1.11 所示.

正切函数 $y=\tan x=\dfrac{\sin x}{\cos x}$ 的定义域为 $\left(k\pi-\dfrac{\pi}{2},\ k\pi+\dfrac{\pi}{2}\right)$, $k\in\mathbf{Z}$, 值域为

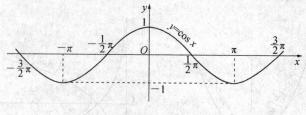

图 1.11

R,是周期为 π 的奇函数,如图 1.12 所示.

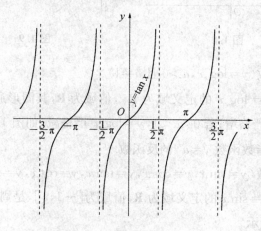

图 1.12

余切函数 $y=\cot x=\dfrac{\cos x}{\sin x}$ 的定义域为 $(k\pi,k\pi+\pi)$,$k\in\mathbf{Z}$,值域为 **R**,是周期为 π 的奇函数,如图 1.13 所示.

正割函数 $y=\sec x=\dfrac{1}{\cos x}$ 的定义域为 $\left(k\pi-\dfrac{\pi}{2},k\pi+\dfrac{\pi}{2}\right)$,$k\in\mathbf{Z}$,值域为 $(-\infty,-1]\cup[1,+\infty)$,是周期为 2π 的偶函数,如图 1.14 所示.

余割函数 $y=\csc x=\dfrac{1}{\sin x}$ 的定义域为 $(k\pi,k\pi+\pi)$,$k\in\mathbf{Z}$,值域为 $(-\infty,-1]\cup[1,+\infty)$,是周期为 2π 的奇函数,如图 1.15 所示.

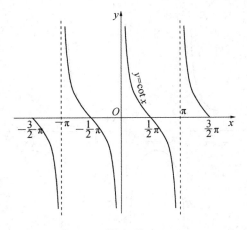

图 1. 13

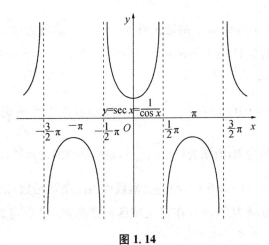

图 1. 14

6. 反三角函数 ($y=\arcsin x, y=\arccos x, y=\arctan x, y=\text{arccot}\,x$)

反正弦函数 $y=\arcsin x$ 的定义域为 $[-1,1]$, 值域为 $\left[-\dfrac{\pi}{2},\dfrac{\pi}{2}\right]$, 是严格增的奇函数. $y=\arcsin x$ 是正弦函数 $y=\sin x, x\in\left[-\dfrac{\pi}{2},\dfrac{\pi}{2}\right]$ 的反函数, 如图 1. 4 所示.

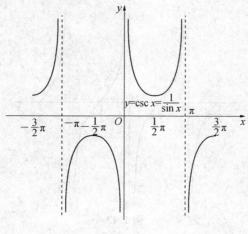

图 1.15

反余弦函数 $y=\arccos x$ 的定义域为 $[-1,1]$，值域为 $[0,\pi]$，在定义域区间严格减，没有奇偶性. $y=\arccos x$ 是余弦函数 $y=\cos x, x\in[0,\pi]$ 的反函数，如图 1.5 所示.

正切函数 $y=\tan x, x\in\left(-\dfrac{\pi}{2},\dfrac{\pi}{2}\right)$ 的反函数称为反正切函数，记为 $y=\arctan x$，其定义域为 **R**，值域为 $\left(-\dfrac{\pi}{2},\dfrac{\pi}{2}\right)$，是严格增的奇函数，如图 1.16 所示.

余切函数 $y=\cot x, x\in(0,\pi)$ 的反函数称为反余切函数，记为 $y=\operatorname{arccot} x$，其定义域为 **R**，值域为 $(0,\pi)$，在定义域区间严格减，没有奇偶性，如图 1.17 所示.

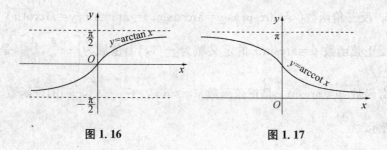

图 1.16　　　　　　　　　　　图 1.17

定义 1.2.9　（初等函数）由基本初等函数经过有限次四则运算和有限次复合运算所得的函数称为**初等函数**.

由定义可知，函数 $y = \sin^2 x, y = e^{\sqrt{x}}, y = \lg(5 + \tan x)$ 等都是初等函数. 令 $P(x) = a_0 + a_1 x + a_2 x^2 + \cdots + a_n x^n, a_0, a_1, \cdots, a_n \in \mathbf{R}, a_n \neq 0$，称 $P(x)$ 为 **n 次多项式**，多项式函数是初等函数.

设 $P(x), Q(x)$ 都是多项式函数，且 $Q(x)$ 不恒为零，称 $R(x) = \dfrac{P(x)}{Q(x)}$ 为**有理函数**，$R(x)$ 也是一个初等函数.

初等函数总是用统一的解析式给出，故分段函数几乎都不是初等函数，如前面所给的符号函数、取整函数都不是初等函数.

1.2.5　平面曲线的参数方程与极坐标方程

在给定的平面直角坐标系中，如果曲线上任意一点的坐标 x, y 都是变量 t 的函数

$$\begin{cases} x = \varphi(t); \\ y = \psi(t), \end{cases} \quad t \in [\alpha, \beta], \tag{1.2.1}$$

且对于 t 在 $[\alpha, \beta]$ 的每一个值，由式(1.2.1)所确定的点 $M(x, y)$ 都在这条曲线上，则方程组(1.2.1)称为这条曲线的**参数方程**，其中 t 为参数.

如果消去参数方程组(1.2.1)中的参数 t，便得到直接表示 x, y 关系的直角坐标方程，从而确定 x, y 间的函数关系. 例如，参数方程

$$\begin{cases} x = R\cos t; \\ y = R\sin t, \end{cases} \quad t \in [0, 2\pi),$$

若消去参数 t，可以得到 x, y 间的函数关系式 $x^2 + y^2 = R^2$，在平面上表示圆心在原点，半径为 R 的圆. 反之也可以通过选择适当的参数将直角坐标方程化为参数方程. 例如，椭圆 $\dfrac{x^2}{a^2} + \dfrac{y^2}{b^2} = 1(a > 0, b > 0)$ 的参数方程为

$$\begin{cases} x = a\cos t; \\ y = b\sin t, \end{cases} \quad t \in [0, 2\pi).$$

在平面上取一定点 O，从 O 出发作一条
射线 Ox，取定单位长度，这就是极坐标系.
称 O 为**极点**，Ox 为**极轴**，如图 1.18 所示.
在平面上任取一点 M，设点 M 到极点 O 的
距离为 ρ，称 ρ 为**极径**.Ox 轴沿逆时针方向
旋转到 OM 方向的角度记为 θ，称 θ 为**极角**.
用有序数组 (ρ, θ) 定义点 M 的**极坐标**，记为

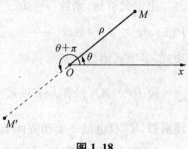

图 1.18

$M(\rho, \theta)$.此处，$\rho > 0, 0 \leqslant \theta < 2\pi$（或 $-\pi \leqslant \theta < \pi$).$\rho = 0$ 表示极点 O，其极角可取
任意值.当 $\rho < 0$ 时，规定 (ρ, θ) 即为点 $(-\rho, \theta + \pi)$.

如果取极点为直角坐标原点，极轴为 x 轴的正半轴，则除极点外，任一点
的直角坐标 (x, y) 与极坐标 (ρ, θ) 一一对应，满足关系式

$$x = \rho\cos\theta, \quad y = \rho\sin\theta,$$

或

$$\rho = \sqrt{x^2 + y^2}, \quad \tan\theta = \frac{y}{x}, \quad x \neq 0.$$

例如，点 M 的极坐标为 $\left(\sqrt{2}, \dfrac{\pi}{4}\right)$，则 M 的直角坐标为 $(1, 1)$；若 M' 的直角

坐标为 $(0, 1)$，则 M' 的极坐标为 $\left(1, \dfrac{\pi}{2}\right)$.

设某一平面曲线上的点 M 的极坐标满足方程 $\rho = \rho(\theta), \alpha \leqslant \theta \leqslant \beta$，且对
$\forall \theta \in [\alpha, \beta]$，由 $\rho = \rho(\theta)$ 确定的点 (ρ, θ) 都在曲线上，则方程 $\rho = \rho(\theta)$ 称为该曲线
的极坐标方程.

例 1.2.13　作出下列极坐标方程表示曲线的图形（$R > 0$).

(1) $\rho = R$；(2) $\rho = 2R\sin\theta$.

解 (1) $\rho=R$ 化为直角坐标方程是 $x^2+y^2=R^2$,这是圆心在原点,半径为 R 的圆,如图 1.19 所示.

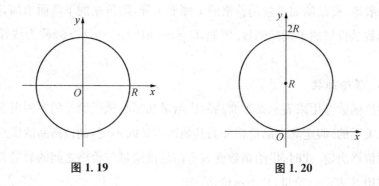

图 1.19　　　　　　　　图 1.20

(2) $\rho=2R\sin\theta$ 化为直角坐标方程是 $x^2+y^2=2Ry$,即 $x^2+(y-R)^2=R^2$,这是圆心在 $(0,R)$,半径为 R 的圆,如图 1.20 所示. □

例 1.2.14 取直角坐标系原点为极点,x 轴正半轴为极轴,求下列曲线的极坐标方程.

(1) $x=1$;　(2) $y=x^2$.

解 (1) 由 $x=\rho\cos\theta$ 知,$x=1$ 的极坐标方程为 $\rho=\sec\theta$.

(2) 由 $x=\rho\cos\theta$,$y=\rho\sin\theta$ 知,$y=x^2$ 的极坐标方程为 $\rho=\tan\theta\sec\theta$. □

1.2.6 常见的经济函数

在经济分析中,对需求、供给、成本、利润等经济量的关系研究,是经济数学最基本的任务之一,但在现实问题中涉及的变量较多,其相互关系也比较复杂,这里仅研究两个变量之间的依赖关系.

一、需求函数

需求函数是用来表示某种商品的需求量和影响该需求量的各种因素之间的相互关系的. 假定除商品价格外的其他因素暂时不变,则该商品的需求量由商品的价格决定. 此时,需求函数就表示商品需求量与价格之间的数量关系.

若用 Q 表示需求量,P 表示价格,则

$$Q = Q(P), P > 0,$$

称为**需求函数**.

一般地,商品的需求量随价格的上涨而下降,随价格的下降而增加,因此,需求函数是价格的单调减函数.例如,$Q = a - bP$ $(a > 0, b > 0)$称为线性需求函数.

二、供给函数

供给函数是用来表示某种商品的供给量和影响该供给量的各种因素之间的相互关系的.假定除商品价格外的其他因素暂时不变,则该商品的供给量由商品的价格决定.此时,供给函数就表示商品供给量与价格之间的数量关系.

若用 S 表示供给量,P 表示价格,则

$$S = S(P), P > 0,$$

称为**供给函数**.

一般地,商品价格的上涨会使供给量增加,因此,供给函数是价格的单调增函数.例如,$S = c + dP$ $(d > 0)$称为线性供给函数.

对一种商品而言,如果需求量等于供给量,则这种商品就达到了市场均衡,这时的价格 $\overline{P}$ 称为**均衡价格**,即 $Q(\overline{P}) = S(\overline{P})$,而 $\overline{Q} = Q(\overline{P})$ 称为**均衡数量**.在同一坐标中作出需求函数与供给函数的曲线,两曲线的交点 $(\overline{P}, \overline{Q})$ 称为**供需平衡点**.

例 1.2.15 某种商品的供给函数和需求函数分别为 $S = 25P - 10, Q = 200 - 5P$,求该商品的均衡价格和均衡数量.

解 $25P - 10 = 200 - 5P, P = 7$.均衡价格为 7,均衡数量为 165. □

例 1.2.16 已知某产品的需求函数为 $Q = 100 - 2P$,供给函数为 $S = 3P - 50$,现政府向供应商征收每单位 5 元的增值税.(1) 求新的供给函数;(2) 求新的均衡价格和均衡数量.

解 (1) 消费者每单位支付 P 元,但供应商每单位只收到 $P - 5$ 元,因为 5 元被政府拿走了.这样,新的供给函数为 $S = 3(P - 5) - 50 = 3P - 65$.

（2）令 $100-2P=3P-65$ 得 $P=33$. 因此,新的均衡价格为 33 元,均衡数量为 34. □

三、成本函数

若用 Q 表示某种产品的产量,用 C 表示生产产品的成本,显然 C 是 Q 的函数,称为**成本函数**,记为

$$C = C(Q), Q \geqslant 0.$$

成本函数表示费用总额与产量之间的关系,总成本＝固定成本＋可变成本. 其中固定成本是指不随产量变化而改变的费用,如生产所需的厂房和机器设备等;当产量 $Q=0$ 时,对应函数值 $C(0)$ 就是固定成本,记为 C_0. 可变成本是随产量变化而变化的那部分费用,记 $C_1=C_1(Q)$,如原材料、计件工资等. 故成本函数可表示为

$$C(Q) = C_0 + C_1(Q), Q \geqslant 0.$$

设 $C(Q)$ 为成本函数,称 $\overline{C}(Q) = \dfrac{C(Q)}{Q}$ 为**单位成本函数**或**平均成本函数**.

例 1.2.17 已知某产品的总成本函数为 $C(Q) = Q^2 + 2Q + 300$,求:（1）固定成本;（2）产量 $Q=10$ 时的总成本;（3）$Q=10$ 时的平均成本.

解 （1）固定成本 $C_0=C(0)=300$.

（2）$Q=10$ 时,总成本 $C(10)=(Q^2+2Q+300)|_{Q=10}=420$.

（3）$Q=10$ 时,平均成本 $\overline{C}(10)=\dfrac{C(10)}{10}=42$. □

四、收益函数与利润函数

收益是指销售一定数量的商品所得收入,用 R 表示,收益 R 等于商品的单位价格 P 乘以销售量 Q,即

$$R=PQ,$$

称为**收益函数**.

生产一定数量商品所获利润 L 等于收益 R 与总成本 C 之差,即

$$L=L(Q)=R(Q)-C(Q),$$

称为**利润函数**.

当 $L=R-C>0$ 时,生产者盈利;当 $L=R-C<0$ 时,生产者亏损;当 $L=R-C=0$ 时,生产者盈亏平衡. 使 $L(Q)=0$ 的点 Q_0 称为**盈亏平衡点**(或**保本点**).

例 1.2.18 已知某公司单位产品的可变成本为 20 元,每天的固定成本为 1 500 元,假设该产品的出厂价为 25 元,求:(1) 每天的利润函数;(2) 若不亏本,每天至少需生产多少单位该产品.

解 (1) $R(Q)=25Q,C(Q)=1\,500+20Q$,故利润函数

$$L(Q)=R(Q)-C(Q)=5Q-1\,500.$$

(2) 要不亏本,则 $L(Q)=5Q-1\,500\geqslant 0$,得 $Q\geqslant 300$. 即每天至少要生产 300 单位这种产品.   □

例 1.2.19 某厂家生产新产品,在定价时需考虑生产成本及销售商的出价. 根据调查得需求函数 $Q=45\,000-900P$. 该厂生产新产品的固定成本为 270 000 元,单位产品的可变成本为 10 元,为获得最大利润,出厂价格应为多少?

解 以 Q 表示产量,P 表示价格,C 表示总成本,则有

$$C(Q)=270\,000+10Q,$$

将需求函数 $Q=45\,000-900P$ 代入 $C(Q)$ 中,得

$$C(P)=720\,000-9\,000P,$$

由题意,收益函数为 $R(P)=P\cdot Q=45\,000P-900P^2$,则利润函数

$$L(P)=R(P)-C(P)=-900P^2+54\,000P-720\,000,$$

当 $P=30$ 元时,利润函数 $L=90\,000$ 元为最大.   □

习 题 1.2

A 组

1. 求下列函数的定义域:

(1) $f(x)=\ln(1-x)+\sqrt{x+2}$;   (2) $f(x)=\dfrac{\sqrt{x-2}}{\sin \pi x}$;

(3) $f(x)=\sqrt{2+x-x^2}$;   (4) $f(x)=\arcsin\dfrac{x-1}{3}$;

(5) $f(x)=\tan(x+1)$;   (6) $f(x)=\sqrt{1-\mathrm{e}^{\frac{x}{1-x}}}$.

2. 下列函数是否相同,为什么?

(1) $f(x)=\lg x^3, g(x)=3\lg x$;

(2) $f(x)=\sin(2x^2+1), g(t)=\sin(2t^2+1)$;

(3) $f(x)=\dfrac{x^2-9}{x+3}, g(x)=x-3$;

(4) $f(x)=\sqrt[4]{x^5-x^4}, g(x)=x\sqrt[4]{x-1}$.

3. 讨论下列函数是否具有奇偶性:

(1) $f(x)=x(x-1)(x+1)$;   (2) $f(x)=\cos(\sin x)$;

(3) $f(x)=\ln(x+\sqrt{x^2+1})$;   (4) $f(x)=\dfrac{\mathrm{e}^x+\mathrm{e}^{-x}}{2}$.

4. 下列函数中哪些是周期函数? 对于周期函数,指出其周期:

(1) $f(x)=\sin(x+1)$;   (2) $f(x)=2+\cos \pi x$;

(3) $f(x)=\cos^2 x$;   (4) $f(x)=x^2\sin 2x$.

5. 已知函数 $f(x)=x^2, g(x)=\sin x$,求 $f(f(x)), f(g(x))$ 及 $g(f(x))$.

6. 求函数 $f(x)$,已知:

(1) $f(x-1)=x^2-x-2$;   (2) $f\left(x+\dfrac{1}{x}\right)=x^2+\dfrac{1}{x^2}+3$.

7. 引入中间变量,分解下列复合函数:

(1) $y=\ln \sin \sqrt{x}$；

(2) $y=e^{\cos^2 x}$；

(3) $y=\arcsin \dfrac{3x}{1+x^2}$.

8. 求下列函数的反函数:

(1) $f(x)=\sqrt[3]{1+2x}$；

(2) $f(x)=\dfrac{1+3x}{5-2x}$；

(3) $f(x)=\dfrac{e^x}{e^x+1}$；

(4) $f(x)=\sin(2x+1)$.

9. 一无盖长方体木箱,容积为 1 立方米,高为 2 米,设底面一边的长为 x 米,试将木箱的表面积表示为 x 的函数.

10. 某商店对一种商品的售价规定如下:购买量不超过 5 kg 时,为 0.90 元/kg；购买量大于 5 kg 而不超过 10 kg 时,其中超过 5 kg 的部分优惠,为 0.70 元/kg；购买量大于 10 kg 时,超过 10 kg 的部分为 0.50 元/kg,求购买 x kg 该商品所需费用.

11. 作出下列参数方程所表示曲线的图形:

(1) $\begin{cases} x=x_0+R\cos t; \\ y=y_0+R\sin t, \end{cases} 0\leqslant t<2\pi, R>0$；(2) $\begin{cases} x=t^2; \\ y=t, \end{cases} t\in \mathbf{R}$.

12. 将下列极坐标方程化为直角坐标方程:

(1) $\rho=2a\cos\theta, a>0$；

(2) $\rho=a(1+\cos\theta), a>0$.

13. 取直角坐标系原点为极点,x 轴正半轴为极轴,求下列曲线的极坐标方程:

(1) $x^2+y^2=2y$；

(2) $x^2-y^2=1$.

14. 某种商品的需求函数与供给函数分别为 $Q=300-6P, S=26P-20$,求该商品的市场均衡价格和均衡数量.

15. 设生产某种商品 Q 件时的总成本为 $C(Q)=20+2Q+0.5Q^2$(万元),若每售出一件该商品的收入是 20 万元,求(1) 固定成本；(2)生产 20 件时的总成本及平均成本；(3)生产 20 件商品时的总利润及平均利润.

16. 某商品的销售量 Q 与价格 P 的函数关系为 $Q=8\,000-8P$，试将收益函数表示为销售量 Q 的函数.

17. 电影院每天的固定成本是 35 000 元，每位顾客的可变成本是 15 元，每张电影票收 50 元.(1) 求成本函数和收益函数，并作出它们的图形；(2) 为了获利，每天电影院需要多少顾客?

18. 一个工厂生产某产品 1 000 吨，每吨定价 130 元，销售量在 700 吨以内(包括 700 吨)时，按原价出售；销售量超过 700 吨时，超过部分按九折出售.试求销售收入与销售量之间的函数关系.

B 组

1. 已知 $f(x)$ 的定义域为 $[0,1]$，求 $f(x^2)+f(x+a)$ 的定义域.

2. 判别函数 $f(x)=\begin{cases} x^2+x, & x\geqslant 0; \\ -x^2+x, & x<0 \end{cases}$ 的奇偶性.

3. 已知 $f(x)=\begin{cases} 1, & x>0; \\ 0, & x=0; \\ -1, & x<0, \end{cases}$ $\varphi(x)=\ln x$，求 $f(\varphi(x))$ 及 $\varphi(f(x))$.

4. 求 $f(x)=\begin{cases} \dfrac{4}{\pi}\arctan x, & |x|>1; \\ \sin\dfrac{\pi x}{2}, & |x|\leqslant 1 \end{cases}$ 的反函数.

5. 设手表厂的需求函数和供给函数都是线性函数.

(1) 若手表价格为 70 元，销售量为 10 000 只，若手表价格每只提高 3 元，需求量就减少 3 000 只，求需求函数 Q.

(2) 若手表价格为 70 元，手表厂可提供 10 000 只手表，当价格每只增加 3 元时，手表厂可多提供 300 只，求供给函数 S.

(3) 求手表的市场均衡价格和均衡数量.

6. 收音机每台售价为 90 元，成本为 60 元，厂方为鼓励销售商大量采购，决定凡是订购量超过 100 台以上，每多订购 1 台，售价就降低 1 分，但最低为每台 75 元.

（1）将每台的实际售价 P 表示为订购量 Q 的函数；

（2）将厂方所获得利润 L 表示成订购量 Q 的函数；

（3）某一商行订购了 1 000 台，厂方可获利润多少?

第2章　极限与连续

　　极限与连续是分析的基础,极限是微积分的基本概念,贯穿于微积分的始终.本章我们先介绍特殊的函数——数列的极限,进而研究函数的极限与连续性.

2.1　数列的极限

2.1.1　数列极限的概念

　　定义 2.1.1　定义在正整数集 $\mathbf{N}^*$ 上的函数

$$f:\mathbf{N}^* \rightarrow \mathbf{R}$$

相当于用正整数编号的一串数:

$$x_1 = f(1), x_2 = f(2), \cdots, x_n = f(n), \cdots,$$

这样的函数称为一个实数序列,简称**数列**,记为

$$x_1, x_2, \cdots, x_n, \cdots, \qquad (2.1.1)$$

简记为 $\{x_n\}$,数列(2.1.1)中的每一个数称为**数列的项**,x_1 称为**首项**,x_n 称为数列(2.1.1)的**一般项**或**通项**.

　　$S_n = x_1 + x_2 + \cdots + x_n$ 为数列(2.1.1)的**前 n 项之和**.

　　例如:

　　(1)《庄子·天下篇》引用过一句话:"一尺之棰,日取其半,万世不竭",其含义是:一根长为一尺的木棒,每天截下一半,这样的过程可以无限制地进行

下去. 设原木棒长为 1，第一天截取 $\dfrac{1}{2}$，第二天截取 $\dfrac{1}{2^2}$，…，第 n 天截取 $\dfrac{1}{2^n}$，…这样就得到一个数列：

$$\frac{1}{2},\frac{1}{2^2},\cdots,\frac{1}{2^n},\cdots;$$

(2) $1,2,3,\cdots,n,\cdots;$

(3) $0,\dfrac{3}{2},\dfrac{2}{3},\cdots,1+\dfrac{(-1)^n}{n},\cdots;$

(4) $1,-1,1,-1,\cdots.$

若 $\forall n\in\mathbf{N}^*,x_{n+1}-x_n=d$（常数），称这样的数列 $\{x_n\}$ 为**等差数列**，其中 d 称为**公差**. 一般项 $x_n=x_1+(n-1)d$，前 n 项之和 $S_n=\dfrac{n(x_1+x_n)}{2}$.

若 $\forall n\in\mathbf{N}^*,\dfrac{x_{n+1}}{x_n}=q(q\neq0)$，称这样的数列 $\{x_n\}$ 为**等比数列**，其中 q 称为**公比**. 一般项 $x_n=x_1q^{n-1}$，前 n 项之和 $S_n=\dfrac{x_1(1-q^n)}{1-q}$ （$q\neq1$）.

观察第一个例子，不难看出，数列 $\left\{\dfrac{1}{2^n}\right\}$ 的通项 $\dfrac{1}{2^n}$ 随着 n 的无限增大而无限地接近于 0. 下面我们来研究数列的这一特性.

定义 2.1.2 如果当 n 无限增大时，数列 $\{x_n\}$ 与某一常数 A 无限接近，即 $|x_n-A|$ 无限接近于零，那么称数列 $\{x_n\}$ 以 A 为极限，记作

$$\lim_{n\to\infty}x_n=A \text{ 或 } x_n\to A(n\to\infty).$$

根据定义，若这样的 A 存在，则称数列 $\{x_n\}$ 是**收敛**的，否则称数列 $\{x_n\}$ 是**发散**的.

如上面例(1)、(3) 都是收敛的，$\lim\limits_{n\to\infty}\dfrac{1}{2^n}=0$，$\lim\limits_{n\to\infty}\left[1+\dfrac{(-1)^n}{n}\right]=1$，例(2)、(4)发散.

由定义 2.1.2 来考察一个数列的极限具有直观性,比较容易理解,是我们求数列极限的依据. 但是,这个定义对数列的收敛只是进行了定性的描述,没有揭示出量化的关系,为了更严格的理论研究,我们还要进行定量的描述.

定义 2.1.3 ($\varepsilon - N$ 定义)设有数列 $\{x_n\}$,A 为常数. 若对 $\forall \varepsilon > 0$,存在正整数 N,当 $n > N$ 时,有

$$|x_n - A| < \varepsilon,$$

则称数列 $\{x_n\}$ 收敛于 A,A 称为数列 $\{x_n\}$ 的极限,即

$$\lim_{n \to \infty} x_n = A \text{ 或 } x_n \to A(n \to \infty).$$

注 定义中的 ε 是希腊字母,表示任意小的正数.

数列 $\{x_n\}$ 收敛于 A 的几何意义是,所有第 N 项以后的那些项 x_n 都在邻域 $U(A, \varepsilon)$ 内,而在 $U(A, \varepsilon)$ 之外,至多只有 N 个(有限个)项,如图 2.1 所示.

图 2.1

例 2.1.1 证明 $\lim\limits_{n \to \infty} \dfrac{1}{n^k} = 0$,这里 $k > 0$.

证 $\forall \varepsilon > 0$,要使

$$\left| \frac{1}{n^k} - 0 \right| = \left| \frac{1}{n^k} \right| < \varepsilon,$$

只要 $n^k > \dfrac{1}{\varepsilon}$,即 $n > \left(\dfrac{1}{\varepsilon} \right)^{\frac{1}{k}}$,因此取 $N = \left[\left(\dfrac{1}{\varepsilon} \right)^{\frac{1}{k}} \right] + 1$,则当 $n > N$ 时,有

$$\left| \frac{1}{n^k} \right| < \varepsilon,$$

从而 $\lim\limits_{n \to \infty} \dfrac{1}{n^k} = 0$.

例 2.1.2　证明 $\lim\limits_{n\to\infty}\left[1+\dfrac{(-1)^n}{n}\right]=1$.

证　$\forall\varepsilon>0$,要使

$$|x_n-1|=\left|1+\dfrac{(-1)^n}{n}-1\right|=\dfrac{1}{n}<\varepsilon,$$

只要 $n>\dfrac{1}{\varepsilon}$,因此可取 $N=\left[\dfrac{1}{\varepsilon}\right]+1$,则当 $n>N$ 时,有

$$|x_n-1|<\dfrac{1}{N}<\varepsilon,$$

从而 $\lim\limits_{n\to\infty}\left[1+\dfrac{(-1)^n}{n}\right]=1$.　　　　　　　　　　□

例 2.1.3　证明 $\lim\limits_{n\to\infty}\dfrac{\sin n}{n^2+1}=0$.

证　$\forall\varepsilon>0$,由于

$$|x_n-0|=\left|\dfrac{\sin n}{n^2+1}-0\right|\leqslant\dfrac{1}{n^2+1}<\dfrac{1}{n},$$

所以,只要 $\dfrac{1}{n}<\varepsilon$,即 $n>\dfrac{1}{\varepsilon}$,便有 $\left|\dfrac{\sin n}{n^2+1}-0\right|<\varepsilon$,于是可取 $N=\left[\dfrac{1}{\varepsilon}\right]+1$,则当 $n>N$ 时,有

$$\left|\dfrac{\sin n}{n^2+1}-0\right|<\dfrac{1}{n}<\varepsilon,$$

从而 $\lim\limits_{n\to\infty}\dfrac{\sin n}{n^2+1}=0$.　　　　　　　　　　□

例 2.1.4　证明 $\lim\limits_{n\to\infty}q^n=0$,这里 $|q|<1$.

证　当 $q=0$ 时,显然成立.

当 $0<|q|<1$ 时,$\forall\varepsilon>0$,不妨设 $\varepsilon<1$,要使

$$| q^n - 0 | = | q |^n < \varepsilon,$$

两边同时取对数,得

$$n \ln | q | < \ln \varepsilon,$$

故只需 $n > \dfrac{\ln \varepsilon}{\ln |q|}$,因此可取正整数 $N = \left[\dfrac{\ln \varepsilon}{\ln |q|} \right] + 1$,则当 $n > N$ 时,有

$$| q^n - 0 | < \varepsilon,$$

从而 $\lim\limits_{n \to \infty} q^n = 0.$ □

2.1.2　收敛数列的性质与运算

定理 2.1.1　(唯一性)若数列 $\{x_n\}$ 收敛,则其极限值是唯一的.

证　用反证法. 设数列 $\{x_n\}$ 有两个不同的极限值 A 和 B,不妨设 $A > B$.
取 $\varepsilon = \dfrac{A - B}{2}$,由 $\lim\limits_{n \to \infty} x_n = A$ 知,对 $\varepsilon > 0$,存在正整数 N_1,当 $n > N_1$ 时,有

$$| x_n - A | < \varepsilon = \frac{A - B}{2},$$

即有

$$x_n > \frac{A + B}{2}. \tag{2.1.2}$$

再由 $\lim\limits_{n \to \infty} x_n = B$ 知,对上述的 $\varepsilon > 0$,存在正整数 N_2,当 $n > N_2$ 时,有

$$| x_n - B | < \varepsilon = \frac{A - B}{2},$$

即有

$$x_n < \frac{A + B}{2}. \tag{2.1.3}$$

取 $N = \max\{N_1, N_2\}$,则当 $n > N$ 时,(2.1.2)式和(2.1.3)式同时成立,

这显然是矛盾的. 因此收敛数列的极限是唯一的.   □

对于数列 $\{x_n\}$，若存在数 M，使得对一切正整数 n，有 $x_n \leqslant M$（或 $x_n \geqslant M$），则称 $\{x_n\}$ 为**有上（或下）界的数列**，M 称为 $\{x_n\}$ 的一个**上（或下）界**. 若这样的 M 不存在，则称数列 $\{x_n\}$ 为**无上（或下）界的数列**. 数列 $\{x_n\}$ 有界等价于数列 $\{x_n\}$ 既有上界又有下界.

定理 2.1.2　（有界性）若数列 $\{x_n\}$ 收敛，则 $\{x_n\}$ 为有界数列，即存在正数 M，使得对一切正整数 n，有

$$| x_n | \leqslant M.$$

证　设 $\lim\limits_{n \to \infty} x_n = A$. 取 $\varepsilon = 1$，则存在正整数 N，当 $n > N$ 时，有

$$| x_n - A | < 1,$$

即

$$| x_n | < | A | + 1,$$

令 $M = \max\{ | x_1 |, | x_2 |, \cdots, | x_N |, | A | + 1\}$，则对一切正整数 n 都有 $| x_n | \leqslant M$.   □

推论 2.1.3　若数列 $\{x_n\}$ 无界，则数列 $\{x_n\}$ 发散.

注　数列有界只是数列收敛的必要条件，而非充分条件. 例如数列 $\{(-1)^n\}$ 有界，但它并不收敛.

定理 2.1.4　（保号性）若 $\lim\limits_{n \to \infty} x_n = A$，$A > 0$（或 < 0），则存在正整数 N，当 $n > N$ 时，有 $x_n > 0$（或 < 0）.

证　设 $A > 0$，取 $\varepsilon = \dfrac{A}{2}$，则存在正整数 N，当 $n > N$ 时，有

$$| x_n - A | < \varepsilon,$$

即

$$A - \varepsilon < x_n < A + \varepsilon,$$

亦即

$$\frac{A}{2} < x_n < \frac{3A}{2},$$

所以 $x_n > 0$.

当 $A < 0$ 时,可类似证明. □

为了求较复杂的数列极限,我们还需要研究极限的四则运算法则.

定理 2.1.5 (四则运算法则)设 $\lim\limits_{n \to \infty} x_n = A$,$\lim\limits_{n \to \infty} y_n = B$,则

(1) $\lim\limits_{n \to \infty}(x_n \pm y_n) = \lim\limits_{n \to \infty} x_n \pm \lim\limits_{n \to \infty} y_n = A \pm B$;

(2) $\lim\limits_{n \to \infty} x_n y_n = \lim\limits_{n \to \infty} x_n \cdot \lim\limits_{n \to \infty} y_n = AB$;

(3) $\lim\limits_{n \to \infty} \dfrac{x_n}{y_n} = \dfrac{\lim\limits_{n \to \infty} x_n}{\lim\limits_{n \to \infty} y_n} = \dfrac{A}{B} (B \neq 0)$.

证 (1) $\forall \varepsilon > 0$,由 $\lim\limits_{n \to \infty} x_n = A$ 知,对于 $\dfrac{\varepsilon}{2}$,存在正整数 N_1,当 $n > N_1$ 时,有

$$|x_n - A| < \frac{\varepsilon}{2},$$

由 $\lim\limits_{n \to \infty} y_n = B$ 知,对于上述的 $\dfrac{\varepsilon}{2}$,存在正整数 N_2,当 $n > N_2$ 时,有

$$|y_n - B| < \frac{\varepsilon}{2},$$

令 $N = \max\{N_1, N_2\}$,则当 $n > N$ 时,有

$$|(x_n + y_n) - (A + B)| \leqslant |x_n - A| + |y_n - B| < \frac{\varepsilon}{2} + \frac{\varepsilon}{2} = \varepsilon,$$

从而

$$\lim_{n \to \infty}(x_n + y_n) = A + B.$$

对于差的情形可以类似证明.

(2) 由收敛数列的有界性知,存在 $M>0$,对一切 n 有 $|x_n|\leqslant M$.

$\forall \varepsilon>0$,当 $B=0$ 时,即 $\lim\limits_{n\to\infty}y_n=0$. 对于 $\dfrac{\varepsilon}{M}$,存在正整数 N,当 $n>N$ 时,有

$$|y_n|<\frac{\varepsilon}{M},$$

于是,当 $n>N$ 时,有

$$|x_ny_n-AB|=|x_n|\cdot|y_n|<M\cdot\frac{\varepsilon}{M}=\varepsilon,$$

从而

$$\lim_{n\to\infty}x_ny_n=AB.$$

当 $B\neq 0$ 时,由 $\lim\limits_{n\to\infty}x_n=A$ 知,对于 $\dfrac{\varepsilon}{2|B|}$,存在正整数 N_1,当 $n>N_1$ 时,有

$$|x_n-A|<\frac{\varepsilon}{2|B|},$$

再由 $\lim\limits_{n\to\infty}y_n=B$,对于 $\dfrac{\varepsilon}{2M}$,存在正整数 N_2,当 $n>N_2$ 时,有

$$|y_n-B|<\frac{\varepsilon}{2M},$$

令 $N=\max\{N_1,N_2\}$,则当 $n>N$ 时,有

$$|x_ny_n-AB|=|x_n(y_n-B)+(x_n-A)B|$$
$$\leqslant|x_n|\cdot|y_n-B|+|x_n-A|\cdot|B|$$
$$<M\cdot\frac{\varepsilon}{2M}+\frac{\varepsilon}{2|B|}\cdot|B|$$
$$=\varepsilon,$$

从而

$$\lim_{n \to \infty} x_n y_n = AB.$$

（3）由于 $\dfrac{x_n}{y_n} = x_n \cdot \dfrac{1}{y_n}$，因此我们只须证明倒数运算的法则，即

$$\lim_{n \to \infty} \frac{1}{y_n} = \frac{1}{B}.$$

因为 $\lim\limits_{n \to \infty} y_n = B$，由收敛数列的保号性知，存在正整数 N_1，当 $n > N_1$ 时，有 $|y_n| > \dfrac{1}{2}|B|$，$\forall \varepsilon > 0$，对于 $\dfrac{B^2}{2}\varepsilon$，存在正整数 N_2，当 $n > N_2$ 时，有

$$|y_n - B| < \frac{B^2}{2}\varepsilon,$$

令 $N = \max\{N_1, N_2\}$，则当 $n > N$ 时，有

$$\left| \frac{1}{y_n} - \frac{1}{B} \right| = \frac{|y_n - B|}{|y_n B|} < \frac{2|y_n - B|}{B^2} < \varepsilon,$$

从而

$$\lim_{n \to \infty} \frac{1}{y_n} = \frac{1}{B}.$$

$\square$

推论 2.1.6　设 $\lim\limits_{n \to \infty} x_n = A$，则对任意正整数 k，有

$$\lim_{n \to \infty} x_n^k = A^k.$$

事实上，对任意实数 k，只要 A^k 有意义，就有

$$\lim_{n \to \infty} x_n^k = \left(\lim_{n \to \infty} x_n \right)^k = A^k.$$

证明略.

例 2.1.5　求 $\lim\limits_{n \to \infty} \dfrac{2^n + 3^n}{3^n}$.

解　由定理 2.1.5 可得

$$\lim_{n\to\infty}\frac{2^n+3^n}{3^n}=\lim_{n\to\infty}\left[\left(\frac{2}{3}\right)^n+1\right]=\lim_{n\to\infty}\left(\frac{2}{3}\right)^n+1=1.$$　□

例 2.1.6　求 $\lim\limits_{n\to\infty}\dfrac{n^3+3n^2+1}{4n^3-2n+3}$.

解　将分子、分母同除以 n^3，再由定理 2.1.5 可得

$$\lim_{n\to\infty}\frac{n^3+3n^2+1}{4n^3-2n+3}=\lim_{n\to\infty}\frac{1+\dfrac{3}{n}+\dfrac{1}{n^3}}{4-\dfrac{2}{n^2}+\dfrac{3}{n^3}}$$

$$=\frac{\lim\limits_{n\to\infty}\left(1+\dfrac{3}{n}+\dfrac{1}{n^3}\right)}{\lim\limits_{n\to\infty}\left(4-\dfrac{2}{n^2}+\dfrac{3}{n^3}\right)}$$

$$=\frac{1}{4}.$$　□

例 2.1.7　求 $\lim\limits_{n\to\infty}\sqrt{n}(\sqrt{n+1}-\sqrt{n})$.

解

$$\sqrt{n}(\sqrt{n+1}-\sqrt{n})=\frac{\sqrt{n}}{\sqrt{n+1}+\sqrt{n}}=\frac{1}{\sqrt{1+\dfrac{1}{n}}+1},$$

因此

$$\lim_{n\to\infty}\sqrt{n}(\sqrt{n+1}-\sqrt{n})=\lim_{n\to\infty}\frac{1}{\sqrt{1+\dfrac{1}{n}}+1}=\frac{1}{2}.$$　□

定义 2.1.4　在数列 $\{x_n\}$ 中任意抽取无限多项，保持这些项在原数列 $\{x_n\}$ 中的先后次序，这样得到的一个数列称为原数列 $\{x_n\}$ 的**子数列**，简称

子列.

设在 $\{x_n\}$ 中,第一次抽取 x_{n_1},第二次在 x_{n_1} 后抽取 x_{n_2},第三次在 x_{n_2} 后抽取 x_{n_3},…,这样无休止地抽取下去,得到数列

$$x_{n_1}, x_{n_2}, \cdots, x_{n_k}, \cdots,$$

数列 $\{x_{n_k}\}$ 就是 $\{x_n\}$ 的一个子数列.

定理 2.1.7　(子数列收敛定理)如果数列 $\{x_n\}$ 收敛于 A,那么它的任一子数列也收敛,且极限也是 A.

证　设数列 $\{x_{n_k}\}$ 是数列 $\{x_n\}$ 的任一子数列.

由于 $\lim\limits_{n\to\infty} x_n = A$,故对 $\forall \varepsilon > 0$,存在正整数 N,当 $n > N$ 时,有 $|x_n - A| < \varepsilon$.

取 $K = N$,则当 $k > K$ 时,$n_k > n_K = n_N \geqslant N$,于是 $|x_{n_k} - A| < \varepsilon$,即 $\lim\limits_{k\to\infty} x_{n_k} = A$.

□

推论 2.1.8　如果一个数列存在发散的子数列或存在两个收敛于不同极限值的子数列,则该数列发散.

例 2.1.8　讨论数列 $\{(-1)^n\}$ 的收敛性.

解　数列的子数列 $\{x_{2k}\}$ 收敛于 1,而子数列 $\{x_{2k-1}\}$ 收敛于 -1,因此数列 $\{(-1)^n\}$ 是发散的.

□

在研究数列的极限问题时,通常先考察该数列是否有极限,若有极限,再考虑如何计算此极限.定义 2.1.2 和定义 2.1.3 都需要事先知道 $\{x_n\}$ 的极限值 A,这在很多时候并不容易.下面我们讨论极限的存在性问题,并给出判别数列收敛的方法.

定义 2.1.5　若数列的各项满足条件

$$x_n \leqslant x_{n+1}(或 x_n \geqslant x_{n+1}),$$

则称 $\{x_n\}$ 为**递增**(或**递减**)**数列**.递增数列和递减数列统称为**单调数列**.

定理 2.1.9　(单调有界收敛准则)单调有界数列必有极限.

证明从略.

根据定理,如果 $\{x_n\}$ 是递增的数列,由于 x_1 就是它的一个下界,因此只要再证它有上界即可.同理递减的数列,只要证它有下界.

从几何上看,上述定理非常直观.比如数列 $\{x_n\}$ 是单调增加有上界的,那么随着 n 的增大,x_n 在数轴上越来越往右移动,但不能超过某个数 M(有上界),则当 n 充分大以后,x_n 必然聚集在某一点 A 附近,所以 $\{x_n\}$ 收敛于常数 A,如图 2.2 所示.

图 2.2

例 2.1.9 设

$$x_n = 1 + \frac{1}{2^\alpha} + \frac{1}{3^\alpha} + \cdots + \frac{1}{n^\alpha}, n = 1, 2, \cdots,$$

其中实数 $\alpha \geqslant 2$.证明数列 $\{x_n\}$ 收敛.

证 显然 $\{x_n\}$ 是递增的,下证 $\{x_n\}$ 有上界. 由于

$$x_n \leqslant 1 + \frac{1}{2^2} + \frac{1}{3^2} + \cdots + \frac{1}{n^2} \leqslant 1 + \frac{1}{1 \cdot 2} + \frac{1}{2 \cdot 3} + \cdots + \frac{1}{(n-1) \cdot n}$$

$$= 1 + \left(1 - \frac{1}{2}\right) + \left(\frac{1}{2} - \frac{1}{3}\right) + \cdots + \left(\frac{1}{n-1} - \frac{1}{n}\right)$$

$$= 2 - \frac{1}{n} < 2,$$

于是由单调有界收敛准则知,数列 $\{x_n\}$ 收敛. □

例 2.1.10 证明数列 $x_1 = \sqrt{2}, x_{n+1} = \sqrt{2 + x_n}(n = 1, 2, \cdots)$ 有极限,并求此极限.

证 首先用数学归纳法证明 $\{x_n\}$ 单调递增. 由于 $x_2 = \sqrt{2 + \sqrt{2}} > \sqrt{2} = x_1$,假设 $x_n > x_{n-1}$,则

$$x_{n+1} = \sqrt{2 + x_n} > \sqrt{2 + x_{n-1}} = x_n,$$

所以$\{x_n\}$单调递增.

再用数学归纳法证明$\{x_n\}$有上界. 因为$x_1=\sqrt{2}<2$,假设$x_n<2$,则有

$$x_{n+1} = \sqrt{2+x_n} < \sqrt{2+2} = 2,$$

所以$\{x_n\}$有上界 2,由单调有界收敛准则知,数列$\{x_n\}$收敛.

设$\lim\limits_{n\to\infty}x_n=A$,在等式$x_{n+1}^2=2+x_n$ 两边同时取极限,得

$$\lim_{n\to\infty}x_{n+1}^2 = \lim_{n\to\infty}(2+x_n),$$

即

$$A^2 = 2+A,$$

解得$A=2$或-1,而由数列可知$A=-1$是不可能的,所以$\lim\limits_{n\to\infty}x_n=2$.　□

*例 2.1.11　设$x_n=\left(1+\dfrac{1}{n}\right)^n$,证明数列$\{x_n\}$收敛.

证　先证数列$\{x_n\}$单调递增,按牛顿二项公式,有

$$x_n = \left(1+\frac{1}{n}\right)^n = 1+\frac{n}{1!}\cdot\frac{1}{n}+\frac{n(n-1)}{2!}\cdot\frac{1}{n^2}+\cdots+$$

$$\frac{n(n-1)\cdots(n-k+1)}{k!}\cdot\frac{1}{n^k}+\cdots+\frac{n(n-1)\cdots(n-n+1)}{n!}\cdot\frac{1}{n^n}$$

$$= 1+1+\frac{1}{2!}\left(1-\frac{1}{n}\right)+\cdots+\frac{1}{k!}\left(1-\frac{1}{n}\right)\left(1-\frac{2}{n}\right)\cdots\left(1-\frac{k-1}{n}\right)$$

$$+\cdots+\frac{1}{n!}\left(1-\frac{1}{n}\right)\left(1-\frac{2}{n}\right)\cdots\left(1-\frac{n-1}{n}\right),$$

类似地,有

$$x_{n+1} = 1+1+\frac{1}{2!}\left(1-\frac{1}{n+1}\right)$$

$$+\cdots+\frac{1}{k!}\left(1-\frac{1}{n+1}\right)\left(1-\frac{2}{n+1}\right)\cdots\left(1-\frac{k-1}{n+1}\right)$$

$$+\cdots+\frac{1}{n!}\left(1-\frac{1}{n+1}\right)\left(1-\frac{2}{n+1}\right)\cdots\left(1-\frac{n-1}{n+1}\right)$$

$$+\frac{1}{(n+1)!}\left(1-\frac{1}{n+1}\right)\left(1-\frac{2}{n+1}\right)\cdots\left(1-\frac{n}{n+1}\right),$$

显然有 $x_n < x_{n+1}$,即数列$\{x_n\}$单调递增.

再证明数列$\{x_n\}$有上界. 由于

$$x_n = 1+1+\frac{1}{2!}\left(1-\frac{1}{n}\right)+\cdots+\frac{1}{k!}\left(1-\frac{1}{n}\right)\left(1-\frac{2}{n}\right)\cdots\left(1-\frac{k-1}{n}\right)$$

$$+\cdots+\frac{1}{n!}\left(1-\frac{1}{n}\right)\left(1-\frac{2}{n}\right)\cdots\left(1-\frac{n-1}{n}\right)$$

$$<1+1+\frac{1}{2!}+\cdots+\frac{1}{k!}+\cdots+\frac{1}{n!}$$

$$<1+1+\frac{1}{2}+\cdots+\frac{1}{2^{k-1}}+\cdots+\frac{1}{2^{n-1}}$$

$$=1+\frac{1-\dfrac{1}{2^n}}{1-\dfrac{1}{2}}=3-\frac{1}{2^{n-1}}<3,$$

从而数列$\{x_n\}$有上界. 由单调有界收敛准则知数列$\{x_n\}$收敛,我们用字母 e 表示该数列的极限,即

$$\lim_{n\to\infty}\left(1+\frac{1}{n}\right)^n = e,$$

它是一个无理数,值为

$$e = 2.718\,281\,828\,459\,045\cdots. \qquad\qquad \square$$

定理 2.1.10 (夹逼准则)设有数列$\{x_n\}$,$\{y_n\}$,$\{z_n\}$,如果满足条件:

(1) $y_n \leqslant x_n \leqslant z_n$,$\forall n \in \mathbf{N}^*$;

(2) $\lim\limits_{n\to\infty} y_n = \lim\limits_{n\to\infty} z_n = A$,

则数列 $\{x_n\}$ 收敛,且

$$\lim_{n\to\infty} x_n = A.$$

证 $\forall \varepsilon > 0$,由 $\lim\limits_{n\to\infty} y_n = \lim\limits_{n\to\infty} z_n = A$,故存在正整数 N_1,N_2,当 $n > N_1$ 时,有

$$|y_n - A| < \varepsilon,$$

即

$$A - \varepsilon < y_n < A + \varepsilon,$$

当 $n > N_2$ 时,有

$$|z_n - A| < \varepsilon,$$

即

$$A - \varepsilon < z_n < A + \varepsilon.$$

令 $N = \max\{N_1, N_2\}$,则当 $n \geqslant N$ 时,有

$$A - \varepsilon < y_n \leqslant x_n \leqslant z_n < A + \varepsilon,$$

即

$$|x_n - A| < \varepsilon,$$

所以数列 $\{x_n\}$ 收敛,且

$$\lim_{n\to\infty} x_n = A. \qquad \square$$

例 2.1.12 求 $\lim\limits_{n\to\infty}\left(\dfrac{1}{n^2+1} + \dfrac{2}{n^2+2} + \cdots + \dfrac{n}{n^2+n}\right)$.

解 设 $x_n = \dfrac{1}{n^2+1} + \dfrac{2}{n^2+2} + \cdots + \dfrac{n}{n^2+n}$,则有

$$\frac{1+2+\cdots+n}{n^2+n} \leqslant x_n \leqslant \frac{1+2+\cdots+n}{n^2+1}.$$

由于

$$\lim_{n \to \infty} \frac{1+2+\cdots+n}{n^2+1} = \lim_{n \to \infty} \frac{\frac{1}{2}n(n+1)}{n^2+1} = \frac{1}{2},$$

$$\lim_{n \to \infty} \frac{1+2+\cdots+n}{n^2+n} = \lim_{n \to \infty} \frac{\frac{1}{2}n(n+1)}{n^2+n} = \frac{1}{2},$$

故由定理 2.1.10 知, $\lim_{n \to \infty} x_n = \frac{1}{2}$. □

习 题 2.1

A 组

1. 观察下列数列 $\{x_n\}$ 的变化趋势,如果有极限请写出极限值:

(1) $x_n = \cos \frac{1}{n}$;

(2) $x_n = \frac{n+1}{3n-1}$;

(3) $x_n = n + (-1)^n$;

(4) $x_n = (-1)^n n$.

2. 证明数列 $\{x_n\}$ 为有界数列的充分必要条件是 $\{x_n\}$ 既有上界又有下界.

3. 思考题:

(1) 设数列 $\{a_n\}$ 与数列 $\{b_n\}$ 中一个收敛,一个发散,问数列 $\{a_n \pm b_n\}$ 是否收敛?

(2) 设数列 $\{a_n\}$ 与数列 $\{b_n\}$ 都发散,问数列 $\{a_n \pm b_n\}$ 是否收敛?

(3) 设数列 $\{a_n\}$ 有界,问能否推出数列 $\{a_n\}$ 一定收敛?

(4) 设数列 $\{a_n\}$ 单调,问能否推出数列 $\{a_n\}$ 一定收敛?

4. 求下列数列的极限:

(1) $\lim_{n \to \infty} \frac{\sqrt{n^2+n}}{n}$;

(2) $\lim_{n \to \infty} \sin \frac{\pi}{n}$;

(3) $\lim_{n\to\infty}\left(\dfrac{n+2}{n+1}\right)^n$;　　　　　　(4) $\lim_{n\to\infty}\left(1-\dfrac{1}{n}\right)^n$.

5. 判断下列数列的敛散性,若收敛,求出极限值:

(1) $\lim_{n\to\infty}\dfrac{2^{n+1}+3^{n+1}}{2^n+3^n}$;　　　　(2) $\lim_{n\to\infty}\dfrac{2n^3+n+3}{-2n^3+3n^2-1}$;

(3) $\lim_{n\to\infty}\dfrac{1+3+5+\cdots+(2n-1)}{n^2}$;　(4) $\lim_{n\to\infty}(\sqrt{n^2+n}-n)$;

(5) $\lim_{n\to\infty}\dfrac{\dfrac{1}{2}+\dfrac{1}{2^2}+\cdots+\dfrac{1}{2^n}}{\dfrac{1}{3}+\dfrac{1}{3^2}+\cdots+\dfrac{1}{3^n}}$;　　(6) $\lim_{n\to\infty}(-1)^n\dfrac{n+1}{n}$.

6. 求下列数列的极限:

(1) $\lim_{n\to\infty}\left[\dfrac{1}{1\cdot 2}+\dfrac{1}{2\cdot 3}+\cdots+\dfrac{1}{n(n+1)}\right]$;

(2) $\lim_{n\to\infty}\left(\dfrac{1}{n^2+n+1}+\dfrac{2}{n^2+n+2}+\cdots+\dfrac{n}{n^2+n+n}\right)$;

(3) $\lim_{n\to\infty}\left(\dfrac{1}{\sqrt{n^2+1}}+\dfrac{1}{\sqrt{n^2+2}}+\cdots+\dfrac{1}{\sqrt{n^2+n}}\right)$.

7. 设 $x_1=10,x_{n+1}=\sqrt{6+x_n}(n=1,2,\cdots)$,证明数列$\{x_n\}$的极限存在,并求此极限.

8. 设 $0<x_1<3,x_{n+1}=\sqrt{x_n(3-x_n)}(n=1,2,\cdots)$,证明数列$\{x_n\}$的极限存在,并求此极限.

B 组

1. 利用数列极限的 $\varepsilon-N$ 定义证明:

(1) $\lim_{n\to\infty}\dfrac{\cos 2n}{n+1}=0$;　　　　　(2) $\lim_{n\to\infty}\dfrac{n+1}{2n-3}=\dfrac{1}{2}$.

2. 若$\lim_{n\to\infty}x_n=a$,证明$\lim_{n\to\infty}|x_n|=|a|$.

3. 求下列数列的极限:

(1) $\lim\limits_{n\to\infty}\dfrac{n}{a^n}(a>1)$;

(2) $\lim\limits_{n\to\infty}\dfrac{n!}{n^n}$;

(3) $\lim\limits_{n\to\infty}\left(\dfrac{n+1}{n}\right)^{(-1)^n}$;

(4) $\lim\limits_{n\to\infty}(1+2^n+3^n)^{\frac{1}{n}}$;

(5) $\lim\limits_{n\to\infty}\left[\sqrt{1+2+\cdots+n}-\sqrt{1+2+\cdots+(n-1)}\right]$.

4. 证明数列 $\{x_n\}$ 收敛于 A 的充分必要条件是子列 $\{x_{2n}\}$ 与子列 $\{x_{2n+1}\}$ 皆收敛于 A.

5. 设 $a>0,x_1>0,x_{n+1}=\dfrac{1}{2}\left(x_n+\dfrac{a}{x_n}\right)(n=1,2,\cdots)$,证明数列 $\{x_n\}$ 的极限存在,并求此极限.

6. 设数列 $\{x_n\}$ 满足:$0<x_1<\pi,x_{n+1}=\sin x_n(n=1,2,\cdots)$,证明数列 $\{x_n\}$ 的极限存在,并求此极限.

2.2 函数的极限

2.2.1 函数极限的概念

数列是一种特殊的函数 $x_n=f(n)$,其中自变量 n 的取值范围是正整数集,因此自变量的变化趋势仅仅是 n 取正整数且趋于正无穷大. 而一般函数 $y=f(x)$ 中,自变量 x 的变化趋势就不止这一种.

一、自变量趋于无穷大时函数的极限

定义 2.2.1 当 $|x|$ 无限增大时,相应的函数值 $f(x)$ 与某个常数 A 无限接近,则称当 $x\to\infty$ 时,函数 $f(x)$ 的极限值是 A,记作

$$\lim_{x\to\infty}f(x)=A \text{ 或 } f(x)\to A(x\to\infty).$$

如果 $x>0$ 且无限增大(记作 $x\to+\infty$),即得到 $\lim\limits_{x\to+\infty}f(x)=A$;如果 $x<0$ 且 $|x|$ 无限增大(记作 $x\to-\infty$),即得到 $\lim\limits_{x\to-\infty}f(x)=A$.

根据定义可以直观地判断出 $\lim\limits_{x \to \infty} \dfrac{1}{x} = 0$.

类似于数列极限的 $\varepsilon-N$ 定义,下面给出函数极限更严格的 $\varepsilon-M$ 定义.

定义 2.2.2　($\varepsilon-M$ 定义)设 $f(x)$ 在 $|x| > a\,(a \geqslant 0)$ 上有定义,A 为常数. 若对 $\forall \varepsilon > 0$,存在正数 $M(\geqslant a)$,当 $|x| > M$ 时,有

$$|f(x) - A| < \varepsilon,$$

则称函数 $f(x)$ 当 $x \to \infty$ 时有极限 A,即

$$\lim_{x \to \infty} f(x) = A \text{ 或 } f(x) \to A\,(x \to \infty).$$

从几何直观上来看,无论多么小的正数 ε,总能找到正数 M,在直线 $x = M$ 的右边和 $x = -M$ 的左边,曲线 $y = f(x)$ 完全介于两条水平线 $y = A + \varepsilon$ 与 $y = A - \varepsilon$ 之间,如图 2.3 所示.

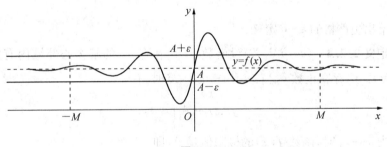

图 2.3

对于 $x \to +\infty$ 及 $x \to -\infty$ 时,$f(x)$ 极限的定义,只需将定义 2.2.2 中 $|x| > M$ 分别改为 $x > M$ 和 $x < -M$.

定理 2.2.1　$\lim\limits_{x \to \infty} f(x) = A$ 的充要条件是 $\lim\limits_{x \to +\infty} f(x) = \lim\limits_{x \to -\infty} f(x) = A$.

例 2.2.1　证明 $\lim\limits_{x \to \infty} \dfrac{1}{x} = 0$.

证　$\forall \varepsilon > 0$,取 $M = \dfrac{1}{\varepsilon}$,则当 $|x| > M$ 时,有

$$\left| \frac{1}{x} - 0 \right| = \frac{1}{|x|} < \frac{1}{M} = \varepsilon,$$

所以 $\lim\limits_{x\to\infty}\dfrac{1}{x}=0.$　　　　　　　　　　　　　　　□

例 2.2.2　判断当 $x\to\infty$ 时，e^x 的极限是否存在.

解　由于 $\lim\limits_{x\to+\infty}\mathrm{e}^x=+\infty$，$\lim\limits_{x\to-\infty}\mathrm{e}^x=0$，即

$$\lim\limits_{x\to+\infty}\mathrm{e}^x\neq\lim\limits_{x\to-\infty}\mathrm{e}^x,$$

所以由定理 2.2.1 知，当 $x\to\infty$ 时，e^x 的极限不存在.　　　□

二、自变量趋于某个确定点 x_0 时函数的极限

定义 2.2.3　设函数 $f(x)$ 在点 x_0 的某去心邻域内有定义，当 x 无限接近 x_0 时，对应的函数值 $f(x)$ 与某个常数 A 无限接近，则称当 $x\to x_0$ 时，函数 $f(x)$ 的极限值是 A，记作

$$\lim\limits_{x\to x_0}f(x)=A \text{ 或 } f(x)\to A(x\to x_0).$$

下面给出更严格的 $\varepsilon-\delta$ 定义.

定义 2.2.4　（$\varepsilon-\delta$ 定义）设函数 $f(x)$ 在点 x_0 的某去心邻域内有定义. 如果 $\forall\varepsilon>0$，存在正数 δ，当 $0<|x-x_0|<\delta$ 时，有

$$|f(x)-A|<\varepsilon,$$

则称当 $x\to x_0$ 时，函数 $f(x)$ 的极限值是 A，即

$$\lim\limits_{x\to x_0}f(x)=A \text{ 或 } f(x)\to A(x\to x_0).$$

注　定义中只要求函数 $f(x)$ 在 x_0 的某去心邻域内有定义，一般不考虑 $f(x)$ 在点 x_0 处是否有定义，或者取什么值.

从几何直观上来看，无论多么小的正数 ε，都存在点 x_0 的去心邻域 $\mathring{U}(x_0,\delta)$，在该邻域内函数 $y=f(x)$ 的图形完全介于两条水平直线 $y=A+\varepsilon$ 与 $y=A-\varepsilon$ 之间，如图 2.4 所示.

例 2.2.3　证明 $\lim\limits_{x\to1}\dfrac{x^2-1}{x-1}=2.$

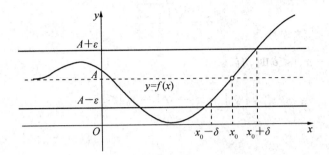

图 2.4

证 $\forall \varepsilon > 0$,要使

$$\left| \frac{x^2 - 1}{x - 1} - 2 \right| = |x + 1 - 2| = |x - 1| < \varepsilon,$$

取 $\delta = \varepsilon$,则当 $0 < |x - 1| < \delta$ 时,有

$$\left| \frac{x^2 - 1}{x - 1} - 2 \right| < \varepsilon,$$

所以

$$\lim_{x \to 1} \frac{x^2 - 1}{x - 1} = 2. \qquad \square$$

例 2.2.4 证明 $\lim\limits_{x \to x_0} \sqrt{1 - x^2} = \sqrt{1 - x_0^2}\,(|x_0| < 1)$.

证 由于 $|x| < 1, |x_0| < 1$,因此

$$\left| \sqrt{1 - x^2} - \sqrt{1 - x_0^2} \right| = \frac{|x_0^2 - x^2|}{\sqrt{1 - x^2} + \sqrt{1 - x_0^2}}$$

$$\leqslant \frac{|x + x_0||x - x_0|}{\sqrt{1 - x_0^2}} \leqslant \frac{2|x - x_0|}{\sqrt{1 - x_0^2}},$$

于是,$\forall \varepsilon > 0$(不妨设 $\varepsilon < 1$),取

$$\delta = \frac{\sqrt{1-x_0^2}}{2}\varepsilon,$$

则当 $0<|x-x_0|<\delta$ 时,有

$$\left|\sqrt{1-x^2}-\sqrt{1-x_0^2}\right|<\varepsilon,$$

所以

$$\lim_{x \to x_0}\sqrt{1-x^2}=\sqrt{1-x_0^2}. \qquad \square$$

　　有些函数在其定义域上某点的左右两边表达式不同,或在某点仅一侧有意义,这些点处的极限只能讨论单侧的情形.

　　定义 2.2.5　(单侧极限)设函数 $f(x)$ 在点 x_0 的左(或右)邻域内有定义,当 x 从 x_0 的左(或右)侧趋近于 x_0 时,对应的函数值 $f(x)$ 与常数 A 无限接近,则称 A 为函数 $f(x)$ 在点 x_0 处的**左(或右)极限**,记作

$$\lim_{x \to x_0^-}f(x)=A(或 \lim_{x \to x_0^+}f(x)=A),$$

或

$$f(x) \to A(x \to x_0^-)(或\ f(x) \to A(x \to x_0^+)).$$

左右极限又可简记为 $f(x_0^-),f(x_0^+)$.

　　更严格的 $\varepsilon-\delta$ 定义如下:

　　定义 2.2.6　($\varepsilon-\delta$ 定义)设函数 $f(x)$ 在点 x_0 的左(或右)邻域内有定义,如果 $\forall \varepsilon>0$,存在正数 δ,当 $x_0-\delta<x<x_0$(或 $x_0<x<x_0+\delta$)时,有

$$|f(x)-A|<\varepsilon,$$

则称当 $x \to x_0^-$(或 $x \to x_0^+$)时,函数 $f(x)$ 的极限值是 A.

　　定理 2.2.2　$\lim\limits_{x \to x_0}f(x)=A$ 的充要条件是

$$\lim_{x \to x_0^-}f(x)=\lim_{x \to x_0^+}f(x)=A.$$

例 2.2.5 讨论符号函数

$$f(x) = \operatorname{sgn} x = \begin{cases} 1, & x > 0; \\ 0, & x = 0; \\ -1, & x < 0. \end{cases}$$

当 $x \to 0$ 时，极限是否存在？

解 由于

$$\lim_{x \to 0^-} f(x) = \lim_{x \to 0^-} (-1) = -1,$$

$$\lim_{x \to 0^+} f(x) = \lim_{x \to 0^+} (1) = 1,$$

所以当 $x \to 0$ 时，$\operatorname{sgn} x$ 的极限不存在. □

例 2.2.6 设函数 $f(x) = \begin{cases} 2\sqrt{x}, & 0 < x < 1; \\ x + 1, & x \geqslant 1. \end{cases}$

求 $\lim\limits_{x \to 1} f(x), \lim\limits_{x \to 2} f(x)$.

解 由于 $x = 1$ 是函数 $f(x)$ 的分段点，左右两边函数的表达式不同，故需要讨论单侧极限. 对于 $x = 2$ 处的极限无需分左右极限讨论.

$$\lim_{x \to 1^-} f(x) = \lim_{x \to 1^-} (2\sqrt{x}) = 2,$$

$$\lim_{x \to 1^+} f(x) = \lim_{x \to 1^+} (x + 1) = 2,$$

所以

$$\lim_{x \to 1} f(x) = 2,$$

$$\lim_{x \to 2} f(x) = \lim_{x \to 2} (x + 1) = 3. \qquad \square$$

2.2.2 函数极限的性质与运算

函数极限的性质与数列极限的性质有些是类似的. 下面以 $x \to x_0$ 的情形为例给出函数极限的性质. 请自行证明.

定理 2.2.3　（唯一性）若 $\lim\limits_{x \to x_0} f(x)$ 存在，则其极限值是唯一的.

定理 2.2.4　（局部有界性）若 $\lim\limits_{x \to x_0} f(x)$ 存在，则 $f(x)$ 在 x_0 的某去心邻域内有界，即存在正数 M 及 $\delta > 0$，当 $0 < |x - x_0| < \delta$ 时，有

$$| f(x) | \leqslant M.$$

定理 2.2.5　（局部保号性）若 $\lim\limits_{x \to x_0} f(x) = A, A > 0$（或 < 0），则存在 $\delta > 0$，当 $0 < |x - x_0| < \delta$ 时，有 $f(x) > 0$（或 < 0）.

定理 2.2.6　（四则运算法则）设 $\lim\limits_{x \to x_0} f(x) = A$，$\lim\limits_{x \to x_0} g(x) = B$，则有

(1) $\lim\limits_{x \to x_0} (f(x) \pm g(x)) = \lim\limits_{x \to x_0} f(x) \pm \lim\limits_{x \to x_0} g(x) = A \pm B$；

(2) $\lim\limits_{x \to x_0} (f(x)g(x)) = \lim\limits_{x \to x_0} f(x) \cdot \lim\limits_{x \to x_0} g(x) = AB$；

(3) $\lim\limits_{x \to x_0} \dfrac{f(x)}{g(x)} = \dfrac{\lim\limits_{x \to x_0} f(x)}{\lim\limits_{x \to x_0} g(x)} = \dfrac{A}{B} (B \neq 0)$.

读者可仿照数列极限四则运算法则的证明，自行证明.

定理 2.2.7　初等函数在其定义域内每一点的极限都存在，且等于函数在该点的函数值.

例 2.2.7　求 $\lim\limits_{x \to 2} \dfrac{x^2 + 4}{x + 2}$.

解

$$\lim\limits_{x \to 2} \frac{x^2 + 4}{x + 2} = \frac{\lim\limits_{x \to 2} (x^2 + 4)}{\lim\limits_{x \to 2} (x + 2)} = 2. \qquad \square$$

例 2.2.8　求 $\lim\limits_{x \to 0} \left(\dfrac{x^2 - 3x + 1}{x + 4} + 2 \right)$.

解

$$\lim\limits_{x \to 0} \left(\frac{x^2 - 3x + 1}{x + 4} + 2 \right) = \lim\limits_{x \to 0} \frac{x^2 - 3x + 1}{x + 4} + 2$$

$$= \frac{\lim\limits_{x \to 0}(x^2 - 3x + 1)}{\lim\limits_{x \to 0}(x + 4)} + 2$$

$$= \frac{1}{4} + 2 = \frac{9}{4}.$$ □

例 2.2.9 求 $\lim\limits_{x \to 2}\left(\dfrac{1}{x-2} - \dfrac{4}{x^2-4}\right)$.

解

$$\lim_{x \to 2}\left(\frac{1}{x-2} - \frac{4}{x^2-4}\right) = \lim_{x \to 2}\frac{x-2}{x^2-4}$$

$$= \lim_{x \to 2}\frac{1}{x+2} = \frac{1}{4}.$$ □

例 2.2.10 求 $\lim\limits_{x \to \infty}\dfrac{x+4}{x^2-3x+1}$.

解 将分子分母同时除以 x 的最高次方 x^2,得

$$\lim_{x \to \infty}\frac{x+4}{x^2-3x+1} = \lim_{x \to \infty}\frac{\dfrac{1}{x}+\dfrac{4}{x^2}}{1-\dfrac{3}{x}+\dfrac{1}{x^2}} = \frac{0}{1} = 0.$$ □

例 2.2.11 求 $\lim\limits_{x \to \infty}\dfrac{2x^3-6x+7}{5x^3+2x^2-1}$.

解 将分子分母同时除以 x 的最高次方 x^3,得

$$\lim_{x \to \infty}\frac{2x^3-6x+7}{5x^3+2x^2-1} = \lim_{x \to \infty}\frac{2-\dfrac{6}{x^2}+\dfrac{7}{x^3}}{5+\dfrac{2}{x}-\dfrac{1}{x^3}} = \frac{2}{5}.$$ □

在求有理函数(两个多项式相除)当 $x \to \infty$ 的极限时,将分子分母同时除以最高次方,可得下述规律($a_0 b_0 \neq 0$):

$$\lim_{x \to \infty} \frac{a_0 x^m + a_1 x^{m-1} + \cdots + a_{m-1} x + a_m}{b_0 x^n + b_1 x^{n-1} + \cdots + b_{n-1} x + b_n} = \begin{cases} \dfrac{a_0}{b_0}, & m = n; \\ \\ 0, & m < n. \end{cases}$$

定理 2.2.8 （夹逼准则）设 $\lim\limits_{x \to x_0} h(x) = \lim\limits_{x \to x_0} g(x) = A$，且在 x_0 的某去心邻域内满足

$$h(x) \leqslant f(x) \leqslant g(x),$$

则 $\lim\limits_{x \to x_0} f(x) = A$.

读者可仿照数列极限夹逼准则的证明，自行证明.

定理 2.2.9 （复合函数的极限运算法则）设函数 $y = f(u), u = g(x)$ 满足函数复合的条件，$\lim\limits_{u \to u_0} f(u) = A, \lim\limits_{x \to x_0} g(x) = u_0$，且在 x_0 的某去心邻域内 $g(x) \neq u_0$，则复合函数 $f(g(x))$ 当 $x \to x_0$ 时极限也存在，且

$$\lim_{x \to x_0} f(g(x)) = \lim_{u \to u_0} f(u) = A.$$

证 $\forall \varepsilon > 0$，由于 $\lim\limits_{u \to u_0} f(u) = A$，故存在 $\eta > 0$，当 $0 < |u - u_0| < \eta$ 时，有

$$|f(u) - A| < \varepsilon,$$

对上述 η，由 $\lim\limits_{x \to x_0} g(x) = u_0$，故存在 $\delta > 0$，当 $0 < |x - x_0| < \delta$ 时，有

$$|g(x) - u_0| < \eta,$$

于是

$$|f(g(x)) - A| < \varepsilon,$$

即

$$\lim_{x \to x_0} f(g(x)) = \lim_{u \to u_0} f(u) = A. \qquad \square$$

定理 2.2.10 （海涅定理）$\lim\limits_{x \to x_0} f(x) = A$ 的充分必要条件是：对于任何在

x_0 的去心邻域内收敛于 x_0 的数列 $\{x_n\}$（即 $\lim\limits_{n\to\infty}x_n=x_0$，且 $x_n\neq x_0$），都有

$$\lim_{n\to\infty}f(x_n)=A.$$

*证　（必要性）设 $\lim\limits_{x\to x_0}f(x)=A$，则 $\forall\varepsilon>0$，存在正数 δ，当 $0<|x-x_0|<\delta$ 时，有

$$|f(x)-A|<\varepsilon,$$

对上述 $\delta>0$，由于 $\lim\limits_{n\to\infty}x_n=x_0$，存在正整数 N，当 $n>N$ 时，有

$$0<|x_n\quad x_0|<\delta,$$

于是

$$|f(x_n)-A|<\varepsilon,$$

即

$$\lim_{n\to\infty}f(x_n)=A.$$

（充分性）假设对任意收敛于 x_0 的数列 $\{x_n\}$（$x_n\neq x_0$），都有 $\lim\limits_{n\to\infty}f(x_n)=A$，我们用反证法证明 $\lim\limits_{x\to x_0}f(x)=A$.

事实上，若不然，则存在某 $\varepsilon_0>0$，对任何 $\delta>0$，都存在 x_δ 满足 $0<|x_\delta-x_0|<\delta$，但 $|f(x_\delta)-A|\geqslant\varepsilon_0$. 特别地，我们取 $\delta=\dfrac{1}{n}$，则存在数列 $\{x_n\}$，满足 $0<|x_n-x_0|<\dfrac{1}{n}$，使得 $|f(x_n)-A|\geqslant\varepsilon_0$，这里 $\lim\limits_{n\to\infty}x_n=x_0$，但 $\lim\limits_{n\to\infty}f(x_n)\neq A$，与假设矛盾，所以必有 $\lim\limits_{x\to x_0}f(x)=A$.　　□

由定理知，若可以找到一个以 x_0 为极限的数列 $\{x_n\}$，使 $\lim\limits_{n\to\infty}f(x_n)$ 不存在，或找到两个以 x_0 为极限的数列 $\{x_n'\}$，$\{x_n''\}$，使 $\lim\limits_{n\to\infty}f(x_n')$ 与 $\lim\limits_{n\to\infty}f(x_n'')$ 都存在但不相等，则 $\lim\limits_{x\to x_0}f(x)$ 不存在.

例 2.2.12 证明$\lim\limits_{x\to 0}\sin\dfrac{1}{x}$不存在.

证 设 $f(x)=\sin\dfrac{1}{x}$,取 $x_n'=\dfrac{1}{2n\pi}$,$x_n''=\dfrac{1}{\dfrac{\pi}{2}+2n\pi}$,$(n=1,2,\cdots)$,则显然

$\lim\limits_{n\to\infty}x_n'=\lim\limits_{n\to\infty}x_n''=0$,但是

$$\lim\limits_{n\to\infty}f(x_n')=\lim\limits_{n\to\infty}\sin 2n\pi=0,$$

$$\lim\limits_{n\to\infty}f(x_n'')=\lim\limits_{n\to\infty}\sin\left(\dfrac{\pi}{2}+2n\pi\right)=1,$$

所以

$$\lim\limits_{n\to\infty}f(x_n')\neq\lim\limits_{n\to\infty}f(x_n''),$$

于是由海涅定理知$\lim\limits_{x\to 0}\sin\dfrac{1}{x}$不存在. □

2.2.3 两个重要极限

1. $\lim\limits_{x\to 0}\dfrac{\sin x}{x}=1$

证 首先证明 $\lim\limits_{x\to 0^+}\dfrac{\sin x}{x}=1$.

由于 $x\to 0^+$,不妨设 $0<x<\dfrac{\pi}{2}$.如图 2.5 所示,在单

位圆内作 $\angle AOB=x$,过 A 作切线 AC,与 OB 的延

长线交于点 C,作 $BD\perp OA$,则 $BD=\sin x$,$AC=\tan x$.

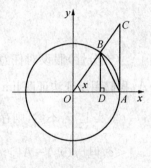

图 2.5

显然 $S_{\triangle OAB}<S_{\text{扇形}OAB}<S_{\triangle OAC}$,即有

$$\dfrac{1}{2}\sin x<\dfrac{1}{2}x<\dfrac{1}{2}\tan x,$$

由于 $\sin x>0$,不等式同除以 $\dfrac{1}{2}\sin x$,得

$$1 < \frac{x}{\sin x} < \frac{1}{\cos x},$$

即

$$\cos x < \frac{\sin x}{x} < 1,$$

由于 $\lim\limits_{x \to 0^+} \cos x = 1$，所以由夹逼准则，

$$\lim_{x \to 0^+} \frac{\sin x}{x} = 1.$$

再证明 $\lim\limits_{x \to 0^-} \frac{\sin x}{x} = 1$. 令 $x = -t$，得

$$\lim_{x \to 0^-} \frac{\sin x}{x} = \lim_{t \to 0^+} \frac{\sin(-t)}{-t} = \lim_{t \to 0^+} \frac{\sin t}{t} = 1.$$

所以

$$\lim_{x \to 0} \frac{\sin x}{x} = 1. \qquad\qquad \square$$

例 2.2.13　求 $\lim\limits_{x \to 0} \dfrac{\tan x}{x}$.

解

$$\lim_{x \to 0} \frac{\tan x}{x} = \lim_{x \to 0} \frac{\sin x}{x} \cdot \frac{1}{\cos x} = 1. \qquad\qquad \square$$

例 2.2.14　求 $\lim\limits_{x \to 0} \dfrac{1 - \cos x}{x^2}$.

解

$$\lim_{x \to 0} \frac{1 - \cos x}{x^2} = \lim_{x \to 0} \frac{2\sin^2 \dfrac{x}{2}}{x^2} = \frac{1}{2} \lim_{x \to 0} \left(\frac{\sin \dfrac{x}{2}}{\dfrac{x}{2}} \right)^2$$

$$= \frac{1}{2} \left(\lim_{x \to 0} \frac{\sin \dfrac{x}{2}}{\dfrac{x}{2}} \right)^2 = \frac{1}{2}. \qquad\qquad \square$$

2. $\lim\limits_{x\to\infty}\left(1+\dfrac{1}{x}\right)^{x}=\mathrm{e}$

证 所求证的极限等价于 $\lim\limits_{x\to+\infty}\left(1+\dfrac{1}{x}\right)^{x}=\mathrm{e}$ 与 $\lim\limits_{x\to-\infty}\left(1+\dfrac{1}{x}\right)^{x}=\mathrm{e}$ 同时成立. 在例 2.1.11 中我们已经证得 $\lim\limits_{n\to\infty}\left(1+\dfrac{1}{n}\right)^{n}=\mathrm{e}$. 当 $x\to+\infty$ 时,存在正整数 n,使 $n\leqslant x<n+1$,从而

$$\left(1+\frac{1}{n+1}\right)^{n}<\left(1+\frac{1}{x}\right)^{x}<\left(1+\frac{1}{n}\right)^{n+1},$$

由于

$$\lim_{n\to\infty}\left(1+\frac{1}{n+1}\right)^{n}=\lim_{n\to\infty}\left[\frac{\left(1+\dfrac{1}{n+1}\right)^{n+1}}{1+\dfrac{1}{n+1}}\right]=\mathrm{e},$$

$$\lim_{n\to\infty}\left(1+\frac{1}{n}\right)^{n+1}=\lim_{n\to\infty}\left(1+\frac{1}{n}\right)^{n}\cdot\left(1+\frac{1}{n}\right)=\mathrm{e},$$

而 $x\to+\infty$ 等价于 $n\to\infty$,所以由夹逼准则,

$$\lim_{x\to+\infty}\left(1+\frac{1}{x}\right)^{x}=\mathrm{e}.$$

再证明 $\lim\limits_{x\to-\infty}\left(1+\dfrac{1}{x}\right)^{x}=\mathrm{e}$. 令 $x=-t$,则当 $x\to-\infty$ 时,$t\to+\infty$,于是

$$\lim_{x\to-\infty}\left(1+\frac{1}{x}\right)^{x}=\lim_{t\to+\infty}\left(1-\frac{1}{t}\right)^{-t}=\lim_{t\to+\infty}\left(\frac{t}{t-1}\right)^{t}$$

$$=\lim_{t\to+\infty}\left(1+\frac{1}{t-1}\right)^{t-1}\cdot\left(1+\frac{1}{t-1}\right)=\mathrm{e},$$

所以

$$\lim_{x\to\infty}\left(1+\frac{1}{x}\right)^{x}=\mathrm{e}. \qquad\square$$

第二个重要极限还有另一个等价的形式:

$$\lim_{x \to 0}(1+x)^{\frac{1}{x}} = \mathrm{e}.$$

事实上，令 $x = \dfrac{1}{t}$，则当 $x \to 0$ 时，$t \to \infty$，所以

$$\lim_{x \to 0}(1+x)^{\frac{1}{x}} = \lim_{t \to \infty}\left(1+\frac{1}{t}\right)^{t} = \mathrm{e}.$$

例 2. 2. 15　求 $\lim\limits_{x \to 0}(1-x)^{\frac{1}{x}}$.

解　令 $u = -x$，则当 $x \to 0$ 时，$u \to 0$，

$$\lim_{x \to 0}(1-x)^{\frac{1}{x}} = \lim_{u \to 0}(1+u)^{-\frac{1}{u}} = \frac{1}{\mathrm{e}}. \qquad\square$$

例 2. 2. 16　求 $\lim\limits_{x \to \infty}\left(1+\dfrac{3}{x}\right)^{x}$.

解

$$\lim_{x \to \infty}\left(1+\frac{3}{x}\right)^{x} = \lim_{x \to \infty}\left[\left(1+\frac{3}{x}\right)^{\frac{x}{3}}\right]^{3} = \mathrm{e}^{3}. \qquad\square$$

形如 $y = u(x)^{v(x)}$ 的函数称为 **幂指函数**. 若 $\lim\limits_{x \to x_0}u(x) = A\,(A>0)$，$\lim\limits_{x \to x_0}v(x) = B$，则

$$\lim_{x \to x_0}u(x)^{v(x)} = \left[\lim_{x \to x_0}u(x)\right]^{\lim\limits_{x \to x_0}v(x)} = A^{B}.$$

例 2. 2. 17　求 $\lim\limits_{x \to +\infty}\left(\dfrac{x-1}{x+1}\right)^{x}$.

解

$$\lim_{x \to +\infty}\left(\frac{x-1}{x+1}\right)^{x} = \lim_{x \to +\infty}\left(1-\frac{2}{x+1}\right)^{x}$$

$$= \lim_{x \to +\infty}\left(1-\frac{2}{x+1}\right)^{\left(-\frac{x+1}{2}\right)\cdot\left(-\frac{2}{x+1}\right)\cdot x}$$

$$= \lim_{x \to +\infty} \left[\left(1 - \frac{2}{x+1} \right)^{\left(-\frac{x+1}{2} \right)} \right]^{\lim\limits_{x \to +\infty} \left(-\frac{2x}{x+1} \right)}$$

$$= \mathrm{e}^{-2}.$$

2.2.4 无穷小量与无穷大量

一、无穷小量

定义 2.2.7 若 $\lim\limits_{x \to x_0} f(x) = 0$，则称 $f(x)$ 是 $x \to x_0$ 时的**无穷小量**，简称无穷小.

在上述定义中，将 $x \to x_0$ 换成 $x \to x_0^+, x \to x_0^-, x \to +\infty, x \to -\infty, x \to \infty$ 以及 $n \to \infty$，可以定义不同形式的无穷小.

例如：$x^2, \sin x, 1 - \cos x$ 是 $x \to 0$ 时的无穷小；

$\sqrt{1-x}$ 是 $x \to 1^-$ 时的无穷小；

$\dfrac{1}{x^2}, \dfrac{\sin x}{x}$ 是 $x \to \infty$ 时的无穷小；

数列 $\left\{ \dfrac{1}{n} \right\}, \left\{ \dfrac{n}{n^2+1} \right\}$ 都是 $n \to \infty$ 时的无穷小.

注 无穷小量不是一个很小的量的意思，而是一个函数或数列，任何常数除零外，无论多么小，都不是无穷小.

根据无穷小的定义和极限性质及运算法则，可以得到无穷小的以下性质：

性质 1 有限个无穷小（相同类型）的和仍是无穷小.

性质 2 有限个无穷小（相同类型）的乘积仍是无穷小.

性质 3 无穷小与有界量的乘积仍是无穷小.

例 2.2.18 求极限 $\lim\limits_{x \to 0} x^2 \sin \dfrac{1}{x}$.

解 由于 $\lim\limits_{x \to 0} \sin \dfrac{1}{x}$ 不存在，故不能用极限的四则运算法则来求. 因为 x^2 是 $x \to 0$ 时的无穷小，$\sin \dfrac{1}{x}$ 是有界量，故由无穷小的性质 3 知，$\lim\limits_{x \to 0} x^2 \sin \dfrac{1}{x} = 0.$

定理 2.2.11　$\lim\limits_{x \to x_0} f(x) = A$ 的充分必要条件是 $f(x) = A + \alpha(x)$，其中 $\alpha(x)$ 为 $x \to x_0$ 时的无穷小.

证　先证必要性. 设 $\lim\limits_{x \to x_0} f(x) = A$，则 $\forall \varepsilon > 0$，存在正数 δ，当 $0 < |x - x_0| < \delta$ 时，有

$$|f(x) - A| < \varepsilon,$$

令 $\alpha(x) = f(x) - A$，则 $|\alpha(x)| < \varepsilon$，从而 $\lim\limits_{x \to x_0} \alpha(x) = 0$，即 $\alpha(x)$ 是 $x \to x_0$ 时的无穷小，且 $f(x) = A + \alpha(x)$.

再证充分性. 设 $f(x) = A + \alpha(x)$，$\lim\limits_{x \to x_0} \alpha(x) = 0$，则 $\forall \varepsilon > 0$，存在正数 δ，当 $0 < |x - x_0| < \delta$ 时，有

$$|\alpha(x)| < \varepsilon,$$

即

$$|f(x) - A| < \varepsilon,$$

因此

$$\lim\limits_{x \to x_0} f(x) = A. \qquad \qquad \square$$

二、无穷大量

定义 2.2.8　当 $x \to x_0$ 时，对应函数的绝对值无限增大，即 $\lim\limits_{x \to x_0} f(x) = \infty$，则称 $f(x)$ 为 $x \to x_0$ 时的**无穷大量**，简称**无穷大**.

和无穷小类似，也可定义其他不同形式的无穷大.

例如：$\dfrac{1}{x}$ 是 $x \to 0$ 时的无穷大；

$\tan x$ 是 $x \to \dfrac{\pi}{2}^{-}$ 时的无穷大；

2^x 是 $x \to +\infty$ 时的无穷大.

注　无穷大量也不是一个很大的量的意思,而是极限是无穷大的函数或数列.

定理 2.2.12　在同一自变量的变化过程中,如果 $f(x)$ 为无穷大,则 $\dfrac{1}{f(x)}$ 为无穷小;若 $f(x)$ 为无穷小,则 $\dfrac{1}{f(x)}(f(x)\neq 0)$ 为无穷大.

根据这个定理,对无穷大的研究可以归结到对无穷小的讨论. 因此,以下我们重点讨论无穷小.

例 2.2.19　求 $\lim\limits_{x\to\infty}\dfrac{3x^3-7x+2}{x+4}$.

解　由于

$$\lim_{x\to\infty}\frac{x+4}{3x^3-7x+2}=\lim_{x\to\infty}\frac{\dfrac{1}{x^2}+\dfrac{4}{x^3}}{3-\dfrac{7}{x^2}+\dfrac{2}{x^3}}=0,$$

所以由定理 2.2.12,

$$\lim_{x\to\infty}\frac{3x^3-7x+2}{x+4}=\infty.\qquad\qquad\square$$

三、无穷小的比较

在自变量的同一变化过程中,两个无穷小量的和、积仍然是无穷小,但是两个无穷小的商却会出现不同的情况. 例如,$x\to 0$ 时,$x,x^2,\sin x$ 都是无穷小,但

$$\lim_{x\to 0}\frac{x^2}{x}=0,\lim_{x\to 0}\frac{x}{x^2}=\infty,\lim_{x\to 0}\frac{\sin x}{x}=1.$$

这说明,不同的无穷小收敛到零的速度不同.

定义 2.2.9　设当 $x\to x_0$ 时,$\alpha(x),\beta(x)$ 均为无穷小,

(1) 若 $\lim\limits_{x \to x_0} \dfrac{\beta(x)}{\alpha(x)} = 0$,则称当 $x \to x_0$ 时,$\beta(x)$ 为 $\alpha(x)$ 的**高阶无穷小量**或称

$\alpha(x)$ 为 $\beta(x)$ 的**低阶无穷小量**,记作

$$\beta(x) = o(\alpha(x))(x \to x_0).$$

例如:$\sin^2 x = o(x)(x \to 0)$;$x^2 = o(x)(x \to 0)$.

(2) 若 $\lim\limits_{x \to x_0} \dfrac{\beta(x)}{\alpha(x)} = C(\neq 0)$,则称当 $x \to x_0$ 时,$\beta(x)$ 与 $\alpha(x)$ 是**同阶无穷小**

量,记作

$$\beta(x) = O(\alpha(x))(x \to x_0).$$

(3) 若 $\lim\limits_{x \to x_0} \dfrac{\beta(x)}{\alpha(x)} = 1$,则称当 $x \to x_0$ 时,$\beta(x)$ 与 $\alpha(x)$ 是**等价无穷小量**,记作

$$\beta(x) \sim \alpha(x)(x \to x_0).$$

例如:由第一个重要极限知 $\sin x \sim x(x \to 0)$,由例 2.2.13 及例 2.2.14

知,$\tan x \sim x(x \to 0)$;$1 - \cos x \sim \dfrac{x^2}{2}(x \to 0)$.

(4) 若 $\lim\limits_{x \to x_0} \dfrac{\beta(x)}{\alpha^k(x)} = l(l \neq 0, k > 0)$,则称当 $x \to x_0$ 时,$\beta(x)$ 是 $\alpha(x)$ 的 k **阶无**

穷小量.

例 2.2.20　求 $\lim\limits_{x \to 0} \dfrac{\arcsin x}{x}$.

解　令 $\arcsin x = y$,则 $x = \sin y$,当 $x \to 0$ 时 $y \to 0$,所以

$$\lim_{x \to 0} \frac{\arcsin x}{x} = \lim_{y \to 0} \frac{y}{\sin y} = 1,$$

即

$$\arcsin x \sim x(x \to 0).$$

类似可证，$\arctan x \sim x (x \to 0)$.

例 2.2.21   求 $\lim\limits_{x \to 0} \dfrac{\ln(1+x)}{x}$.

解   令 $(1+x)^{\frac{1}{x}} = t$，则当 $x \to 0$ 时，$t \to e$，所以

$$\lim_{x \to 0} \frac{\ln(1+x)}{x} = \lim_{x \to 0} \ln(1+x)^{\frac{1}{x}} = \lim_{t \to e} \ln t = \ln e = 1,$$

即

$$\ln(1+x) \sim x (x \to 0).$$

例 2.2.22   求 $\lim\limits_{x \to 0} \dfrac{a^x - 1}{x}$，其中 $a > 0$，且 $a \neq 1$.

解   令 $a^x - 1 = t$，则 $x = \log_a(t+1)$. 当 $x \to 0$ 时，$t \to 0$，所以

$$\lim_{x \to 0} \frac{a^x - 1}{x} = \lim_{t \to 0} \frac{t}{\log_a(t+1)} = \lim_{t \to 0} \frac{1}{\dfrac{1}{t} \log_a(t+1)}$$

$$= \lim_{t \to 0} \frac{1}{\log_a(t+1)^{\frac{1}{t}}} = \frac{1}{\log_a e} = \ln a.$$

所以

$$a^x - 1 \sim x \ln a (x \to 0).$$

特别地，取 $a = e$ 得

$$e^x - 1 \sim x (x \to 0).$$

等价无穷小代换在求极限中起到非常重要的作用.

定理 2.2.13   设 $f(x) \sim g(x) (x \to x_0)$，

(1) 若 $\lim\limits_{x \to x_0} f(x)h(x) = A$，则 $\lim\limits_{x \to x_0} g(x)h(x) = A$；

(2) 若 $\lim\limits_{x \to x_0} \dfrac{h(x)}{f(x)} = B$，则 $\lim\limits_{x \to x_0} \dfrac{h(x)}{g(x)} = B$.

证   (1) $\lim\limits_{x \to x_0} g(x)h(x) = \lim\limits_{x \to x_0} \dfrac{g(x)}{f(x)} \cdot f(x)h(x)$

$$= \lim_{x \to x_0} \frac{g(x)}{f(x)} \cdot \lim_{x \to x_0} f(x) h(x)$$

$$= 1 \cdot A = A;$$

(2) 类似可证. □

例 2.2.23 求 $\lim\limits_{x \to 0} \dfrac{\sin x}{\tan 2x}$.

解 由于 $x \to 0$ 时,$\sin x \sim x$,$\tan 2x \sim 2x$,所以

$$\lim_{x \to 0} \frac{\sin x}{\tan 2x} = \lim_{x \to 0} \frac{x}{2x} = \frac{1}{2}.$$ □

例 2.2.24 求 $\lim\limits_{x \to 0} \dfrac{\ln(1+x^2)}{1-\cos x}$.

解 由于 $x \to 0$ 时,$\ln(1+x^2) \sim x^2$,$1-\cos x \sim \dfrac{x^2}{2}$,所以

$$\lim_{x \to 0} \frac{\ln(1+x^2)}{1-\cos x} = \lim_{x \to 0} \frac{x^2}{\dfrac{x^2}{2}} = 2.$$ □

例 2.2.25 求 $\lim\limits_{x \to 0} \dfrac{(1+x)^\alpha - 1}{x}$ $(\alpha \neq 0)$.

解 令 $(1+x)^\alpha - 1 = t$,则 $(1+x)^\alpha = 1+t$,$\ln(1+x)^\alpha = \ln(1+t)$,即 $\ln(1+x)$ $= \dfrac{1}{\alpha} \ln(1+t)$,当 $x \to 0$ 时,$t \to 0$,所以

$$\lim_{x \to 0} \frac{(1+x)^\alpha - 1}{x} = \lim_{x \to 0} \frac{(1+x)^\alpha - 1}{\ln(1+x)} = \lim_{t \to 0} \frac{t}{\dfrac{1}{\alpha} \ln(1+t)}$$

$$= \alpha \lim_{t \to 0} \frac{t}{\ln(1+t)} = \alpha.$$

所以

$$(1+x)^\alpha - 1 \sim \alpha x (x \to 0). \qquad \Box$$

例 2.2.26 求 $\lim\limits_{x \to 0} \dfrac{\tan x - \sin x}{\sin x^3}$.

解 由于 $\tan x - \sin x = \dfrac{\sin x}{\cos x}(1 - \cos x)$，当 $x \to 0$ 时，$\sin x \sim x$，$1 - \cos x \sim \dfrac{x^2}{2}$，$\sin x^3 \sim x^3$，所以

$$\lim_{x \to 0} \frac{\tan x - \sin x}{\sin x^3} = \lim_{x \to 0} \frac{\sin x}{\cos x}(1 - \cos x)\frac{1}{\sin x^3}$$

$$= \lim_{x \to 0} \frac{x}{\cos x} \cdot \frac{x^2}{2} \cdot \frac{1}{x^3} = \frac{1}{2}. \qquad \Box$$

注 在利用等价无穷小代换求极限时，只有对相乘或相除的因子才能代换，而加减运算不能代换. 如上例中，若将 $\tan x$，$\sin x$ 直接用 x 来代换，则

$$\lim_{x \to 0} \frac{\tan x - \sin x}{\sin x^3} = \lim_{x \to 0} \frac{x - x}{\sin x^3} = 0,$$

这种做法就是错误的.

习　题　2.2

A 组

1. 设 $f(x) = \dfrac{|x|}{x}$，求 $\lim\limits_{x \to 0^-} f(x)$ 与 $\lim\limits_{x \to 0^+} f(x)$，并问 $\lim\limits_{x \to 0} f(x)$ 是否存在？

2. 设 $f(x) = \dfrac{2 + e^{\frac{1}{x}}}{1 + e^{\frac{2}{x}}}$，求 $\lim\limits_{x \to 0^-} f(x)$ 与 $\lim\limits_{x \to 0^+} f(x)$，并问 $\lim\limits_{x \to 0} f(x)$ 是否存在？

3. 证明定理 2.2.13(2).

4. 求下列函数的极限：

(1) $\lim\limits_{x \to 2} \dfrac{x^3-1}{x^2-5x+3}$；

(2) $\lim\limits_{x \to 1} \dfrac{x^2-2x+1}{x^2-1}$；

(3) $\lim\limits_{x \to \sqrt{3}} \dfrac{x^2-3}{x^2+1}$；

(4) $\lim\limits_{x \to -2} \dfrac{x^3+3x^2+2x}{x^2-x-6}$；

(5) $\lim\limits_{x \to \infty} \left(2-\dfrac{1}{x}+\dfrac{1}{x^2}\right)$；

(6) $\lim\limits_{x \to 2} \dfrac{(x-2)^2}{x^3+2x^2}$.

5. 求下列函数的极限：

(1) $\lim\limits_{x \to 0} \dfrac{\sin x}{x}$；

(2) $\lim\limits_{x \to \infty} \dfrac{\sin x}{x}$；

(3) $\lim\limits_{x \to \infty} x\sin\dfrac{1}{x}$；

(4) $\lim\limits_{x \to 0} x\sin\dfrac{1}{x}$.

6. 求下列函数的极限：

(1) $\lim\limits_{x \to \infty} \dfrac{3x^3+4x^2+2}{7x^3-5x^2-3}$；

(2) $\lim\limits_{x \to \infty} \dfrac{3x^2-2x-1}{2x^3-x^2+5}$；

(3) $\lim\limits_{x \to 0} \dfrac{\sin ax}{\tan bx}(b\neq 0)$；

(4) $\lim\limits_{x \to +\infty} (\sqrt{x^2+x}-\sqrt{x^2-x})$；

(5) $\lim\limits_{x \to -\infty} x(\sqrt{x^2+100}+x)$；

(6) $\lim\limits_{x \to 1} \dfrac{\sqrt{3-x}-\sqrt{1+x}}{x^2+x-2}$；

(7) $\lim\limits_{x \to \infty} \left(\dfrac{2x+3}{2x+1}\right)^{x+1}$；

(8) $\lim\limits_{x \to 0} \dfrac{\log_a(1+x)}{x}$；

(9) $\lim\limits_{x \to 0} \dfrac{\sqrt{1+x^2}-1}{x}$；

(10) $\lim\limits_{x \to 0} \dfrac{\ln(1+x^n)}{\ln^m(1+x)}$，其中 n,m 为正整数.

7. 已知 $\lim\limits_{x \to \infty} \left(\dfrac{x+2a}{x-a}\right)^x=8$，求常数 a.

8. 若 $x \to 0$ 时，$(1+ax^2)^{\frac{1}{3}}-1$ 与 $\cos x-1$ 是等价无穷小，求常数 a.

B 组

1. 用 $\varepsilon-M$ 或 $\varepsilon-\delta$ 定义证明下列极限：

(1) $\lim\limits_{x \to \infty} \dfrac{\sin x}{\sqrt{x}}$；

(2) $\lim\limits_{x \to -2} (x^2+1)=5$.

2. 若 $\lim\limits_{x \to x_0} f(x) = A$, 证明 $\lim\limits_{x \to x_0} |f(x)| = |A|$.

3. 求下列函数的极限:

(1) $\lim\limits_{x \to 0} (\cos x)^{\cot^2 x}$;

(2) $\lim\limits_{x \to 0} \left(\dfrac{1+x}{1-x} \right)^{\cot x}$;

(3) $\lim\limits_{x \to 0} (\cos x)^{\frac{1}{\ln(1+x^2)}}$;

(4) $\lim\limits_{x \to +\infty} \dfrac{\ln(1+3^{-x})}{\ln(1+2^{-x})}$;

(5) $\lim\limits_{x \to 1} \dfrac{1+\cos \pi x}{(1-x)^2}$;

(6) $\lim\limits_{x \to 1} \dfrac{1-x^2}{\sin \pi x}$;

(7) $\lim\limits_{x \to 0} \dfrac{\cos x - e^{x^2}}{\cos x \sin^2 x}$.

4. 求下列函数的极限:

(1) $\lim\limits_{n \to \infty} \dfrac{n+2}{n^2-2} \sin n$;

(2) $\lim\limits_{x \to 0^+} \dfrac{1-\sqrt{\cos x}}{x(1-\cos \sqrt{x})}$;

(3) $\lim\limits_{x \to \infty} x \sin \dfrac{2x}{x^2+1}$;

(4) $\lim\limits_{x \to 0} \dfrac{x \ln(1+x)}{1-\cos x}$;

(5) $\lim\limits_{x \to 0} \dfrac{e - e^{\cos x}}{\sqrt[3]{1+x^2}-1}$;

(6) $\lim\limits_{x \to +\infty} \dfrac{x^3+x^2+1}{x^4+x^3}(\sin x + \cos x)$;

(7) $\lim\limits_{x \to 0} \dfrac{3\sin x + x^2 \cos \dfrac{1}{x}}{(1+\cos x)\ln(1+x)}$;

(8) $\lim\limits_{x \to 0} \left(\dfrac{2+e^{\frac{1}{x}}}{1+e^{\frac{4}{x}}} + \dfrac{\sin x}{|x|} \right)$.

5. 已知 $\lim\limits_{x \to 0} \dfrac{\sin x}{e^x - a}(\cos x - b) = 5$, 求常数 a, b 的值.

6. 若 $x \to 0$ 时, $(1+ax^2)^{\frac{1}{4}} - 1$ 与 $x \sin x$ 是等价无穷小, 求常数 a.

2.3 函数的连续性

连续性是函数的基本性质, 它是用极限方法研究函数性质的第一个范例. 连续函数也是微积分着重讨论的一类函数, 在生活、科研中应用十分广泛.

2.3.1　连续性概念

定义 2.3.1　设函数 $f(x)$ 在 x_0 的某邻域内有定义,若

$$\lim_{x \to x_0} f(x) = f(x_0),$$

则称函数 $f(x)$ 在点 x_0 处**连续**.

例 2.3.1　讨论函数 $f(x) = x \cdot \operatorname{sgn} x$ 在 0 点的连续性.

解　由于

$$\lim_{x \to 0} f(x) = \lim_{x \to 0} x \cdot \operatorname{sgn} x = 0 = f(0),$$

因此函数 $f(x)$ 在 0 点连续.　　　　　　　　　　　　　　　□

定义 2.3.2　设函数 $y = f(x)$ 在 x_0 的某邻域内有定义,称 $\Delta x = x - x_0$ 为**自变量 x 在点 x_0 处的增量**,称 $\Delta y = f(x) - f(x_0)$ 为**函数 $y = f(x)$ 在点 x_0 处的增量**.

注　自变量的增量 Δx 和函数的增量 Δy 可以是正的,也可以是 0 或负的.

由于 $x \to x_0$ 即 $\Delta x \to 0$,$f(x) \to f(x_0)$ 即 $\Delta y \to 0$,因此函数在点 x_0 处连续的定义也可以用增量来如下描述:

定义 2.3.3　设 $y = f(x)$ 在 x_0 的某邻域内有定义,如果当自变量的增量 $\Delta x = x - x_0 \to 0$ 时,相应的函数的增量 $\Delta y = f(x) - f(x_0) \to 0$,即

$$\lim_{\Delta x \to 0} \Delta y = 0,$$

则称函数 $y = f(x)$ 在点 x_0 处连续.

由于连续的定义是利用极限来得到的,对应于单侧极限的概念,我们可以定义单侧连续.

定义 2.3.4　设 $f(x)$ 在 x_0 点及 x_0 点的左(或右)邻域内有定义,若

$$\lim_{x \to x_0^-} f(x) = f(x_0) (\text{或} \lim_{x \to x_0^+} f(x) = f(x_0)),$$

则称 $f(x)$ 在点 x_0 处左(或右)**连续**.

左连续和右连续统称为**单侧连续**.

由定义很容易得到下述定理：

定理 2.3.1   函数 $f(x)$ 在点 $x=x_0$ 处连续的充分必要条件是 $f(x)$ 在 $x=x_0$ 处既左连续又右连续.

例 2.3.2   讨论函数

$$f(x)=\begin{cases} \dfrac{\sin x}{x}, & x>0; \\ 1, & x=0; \\ \dfrac{1-\sqrt{1-x}}{x}, & x<0 \end{cases}$$

在 $x=0$ 处是否连续？

解   由于 $\lim\limits_{x\to 0^-}f(x)=\lim\limits_{x\to 0^-}\dfrac{1-\sqrt{1-x}}{x}=\lim\limits_{x\to 0^-}\dfrac{1}{1+\sqrt{1-x}}=\dfrac{1}{2}$，

$$\lim\limits_{x\to 0^+}f(x)=\lim\limits_{x\to 0^+}\dfrac{\sin x}{x}=1,$$

又 $f(0)=1$，因此 $f(x)$ 在 $x=0$ 处右连续，不是左连续. 从而在 $x=0$ 处不连续.   □

定义 2.3.5   若 $y=f(x)$ 在区间 I 上的每一点都连续，则称 $f(x)$ 为区间 I 上的**连续函数**.

对于闭区间或半开半闭区间的端点，函数在这些点上的连续是指单侧连续.

我们用 $C(I)$ 表示在区间 I 上全体连续函数的集合.

从几何直观上来看，连续函数的图形是一条不间断的曲线，如图 2.6 所示.

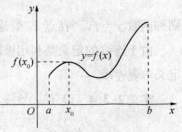

图 2.6

定义 2.3.6　函数 $f(x)$ 不连续的点称为**间断点**或**不连续点**.

具体来说,函数 $f(x)$ 在点 x_0 处连续,按照定义 2.3.1,应该满足三个条件:

(1) $f(x)$ 在 x_0 点有定义;

(2) 极限 $\lim\limits_{x \to x_0} f(x)$ 存在;

(3) $\lim\limits_{x \to x_0} f(x) = f(x_0)$.

当三个条件中至少有一条不成立时,x_0 即为间断点. 按照 $f(x)$ 在间断点 x_0 处的左右极限是否存在,可将间断点分为**第一类间断点**和**第二类间断点**.

若 $\lim\limits_{x \to x_0} f(x)$ 存在,但 $f(x)$ 在点 x_0 处无定义,或者有定义但 $\lim\limits_{x \to x_0} f(x) \neq f(x_0)$,则称 x_0 为 $f(x)$ 的**可去间断点**.

若 $f(x)$ 在点 x_0 处的左右极限都存在,但 $\lim\limits_{x \to x_0^-} f(x) \neq \lim\limits_{x \to x_0^+} f(x)$,则称 x_0 为 $f(x)$ 的**跳跃间断点**.

可去间断点和跳跃间断点统称为第一类间断点.

所有其他形式的间断点都称为第二类间断点,即函数在该点至少有一侧极限不存在. 若 $f(x)$ 在点 x_0 的左右极限至少有一个是 ∞,则称 x_0 为 $f(x)$ 的**无穷间断点**.

例 2.3.3　讨论下列函数在 $x=0$ 点的连续性,若不连续,判断间断点类型:

(1) $f(x) = \dfrac{\sin x}{x}$;

(2) $f(x) = \mathrm{sgn}\, x$;

(3) $f(x) = \dfrac{1}{x}$.

解　(1) 由于 $\lim\limits_{x \to 0} f(x) = \lim\limits_{x \to 0} \dfrac{\sin x}{x} = 1$,但 $f(x)$ 在 $x=0$ 处无定义,故 $x=0$ 是 $f(x)$ 的可去间断点;

（2）由例 2.2.5 知，$\lim\limits_{x\to 0^-}f(x)=\lim\limits_{x\to 0^-}(-1)=-1$，$\lim\limits_{x\to 0^+}f(x)=\lim\limits_{x\to 0^+}1=1$，故 $\lim\limits_{x\to 0^-}f(x)\neq\lim\limits_{x\to 0^+}f(x)$，从而 $x=0$ 是 $f(x)$ 的跳跃间断点；

（3）由于 $\lim\limits_{x\to 0}f(x)=\lim\limits_{x\to 0}\dfrac{1}{x}=\infty$，所以 $x=0$ 是 $f(x)$ 的无穷间断点. □

2.3.2　连续函数的运算

定理 2.3.2　（四则运算法则）设函数 $f(x),g(x)$ 在点 x_0 连续，则函数 $f(x)\pm g(x),f(x)g(x)$ 和 $\dfrac{f(x)}{g(x)}(g(x)\neq 0)$ 在点 x_0 也连续.

定理的证明可由连续的定义和极限的四则运算法则直接得到.

定理 2.3.2 可推广到在区间 I 上连续的四则运算法则.

定理 2.3.3　（复合函数的连续性）若函数 $f(u)$ 在点 u_0 连续，$u=g(x)$ 在点 x_0 连续，且 $u_0=g(x_0)$，则复合函数 $f(g(x))$ 在点 x_0 连续，即

$$\lim_{x\to x_0}f(g(x))=f(g(x_0)).$$

定理的证明由复合函数的极限运算法则与连续的定义很容易得到.

定理 2.3.4　（反函数的连续性）设函数 $f(x)$ 在 $[a,b]$ 上严格单调且连续，则其反函数 $f^{-1}(x)$ 在其定义域 $[f(a),f(b)]$ 或 $[f(b),f(a)]$ 上连续.

证明从略.

例 2.3.4　由于 $y=\sin x$ 在区间 $\left[-\dfrac{\pi}{2},\dfrac{\pi}{2}\right]$ 上严格单调且连续，故其反函数 $y=\arcsin x$ 在区间 $[-1,1]$ 上连续. 同理可得，$y=\arccos x$ 在区间 $[-1,1]$ 上连续，$y=\arctan x$ 在区间 $(-\infty,+\infty)$ 上连续.

定理 2.3.5　（初等函数的连续性）初等函数在其有定义的区间上连续.

根据这一定理，初等函数在其有定义的点处的极限就等于该点的函数值.

例 2.3.5　求 $\lim\limits_{x\to 0}\dfrac{\ln(1+x^2)}{\cos x}$.

解　由于 $f(x)=\dfrac{\ln(1+x^2)}{\cos x}$ 是初等函数，在 $x=0$ 点有定义，故

$$\lim_{x \to 0} \frac{\ln(1 + x^2)}{\cos x} = f(0) = 0.$$

2.3.3　闭区间上连续函数的性质

定义 2.3.7　设函数 $f(x)$ 定义在区间 I 上,若存在一点 $x_0 \in I$,使得对所有 $x \in I$,都有

$$f(x) \leqslant f(x_0)(或\ f(x) \geqslant f(x_0)),$$

则称 $f(x_0)$ 为函数 $f(x)$ 在区间 I 上的**最大(或最小)值**,统称为**最值**,x_0 称为 $f(x)$ 在区间 I 上的**最大(或最小)值点**,统称为**最值点**.

例如,$\sin x$ 在 $\left[-\dfrac{\pi}{2}, \dfrac{\pi}{2} \right]$ 上有最大值 1,最小值 -1;$\operatorname{sgn} x$ 在 $(-\infty, +\infty)$ 上有最大值 1 和最小值 -1. 但并不是所有函数在其定义域上都有最大最小值,即使是有界函数也不一定,比如 $y = x$,在 $(0, 1)$ 内既无最大值也无最小值. 下列定理给出了函数有最大最小值的一个充分条件.

定理 2.3.6　(最值定理)设函数 $f(x)$ 在闭区间 $[a, b]$ 上连续,则 $f(x)$ 在 $[a, b]$ 上一定取得最大值和最小值.

定理的证明从略,但是从几何直观上看,定理的结论十分显然. 由于连续函数的图形是一条不间断的曲线,因此在一个闭区间 $[a, b]$ 上必有最高点和最低点,如图 2.7 所示.

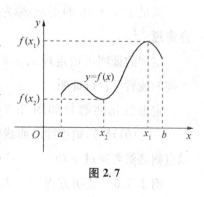

图 2.7

定理 2.3.7　(有界性定理)设函数 $f(x)$ 在闭区间 $[a, b]$ 上连续,则 $f(x)$ 在 $[a, b]$ 上必有界.

该定理由定理 2.3.6 最值定理可直接推出.

定理 2.3.8　(介值性定理)设函数 $f(x)$ 在闭区间 $[a, b]$ 上连续,且 $f(a) \neq f(b)$,则对介于 $f(a)$ 与 $f(b)$ 之间的任何实数 $\mu(f(a) < \mu < f(b)$ 或 $f(a) > \mu$

$f(b))$，至少存在一点 $x_0 \in (a,b)$，使得

$$f(x_0) = \mu.$$

证明从略. 这个定理表明，若函数 $f(x)$ 在 $[a,b]$ 上连续，又设 $f(a) < f(b)$，则 $f(x)$ 在 $[a,b]$ 上必能取得区间 $[f(a),f(b)]$ 上的一切值，即

$$[f(a),f(b)] \subset f([a,b]).$$

从几何意义上来看，如图 2.8 所示.

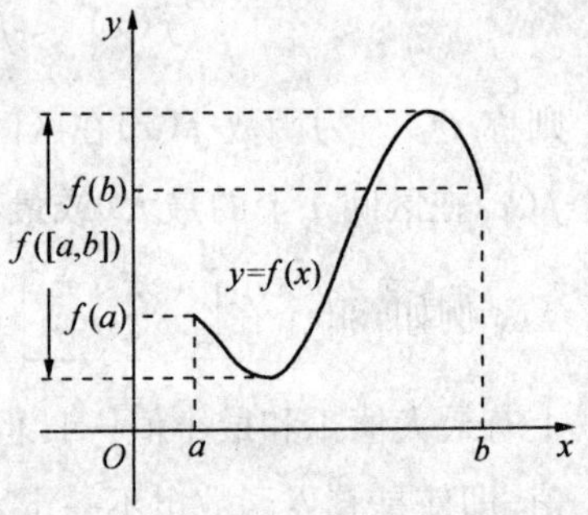

定理 2.3.9 （根的存在性定理）设函数 $f(x)$ 在闭区间 $[a,b]$ 上连续，且 $f(a)$ 与 $f(b)$ 异号，即 $f(a)f(b) < 0$，则至少存在一点 $x_0 \in (a,b)$，使得

$$f(x_0) = 0,$$

即方程 $f(x) = 0$ 在 (a,b) 内至少有一根.

图 2.8

满足 $f(x_0) = 0$ 的点 x_0 称为函数 $f(x)$ 的**零点**，因此定理 2.3.9 又称为**零点定理**.

定理的证明可由定理 2.3.8 推出，感兴趣的读者可自行证明.

定理的几何解释如图 2.9 所示，若 $f(a)$ 与 $f(b)$ 异号，则连续的曲线要连接两端点则必然要穿过 x 轴.

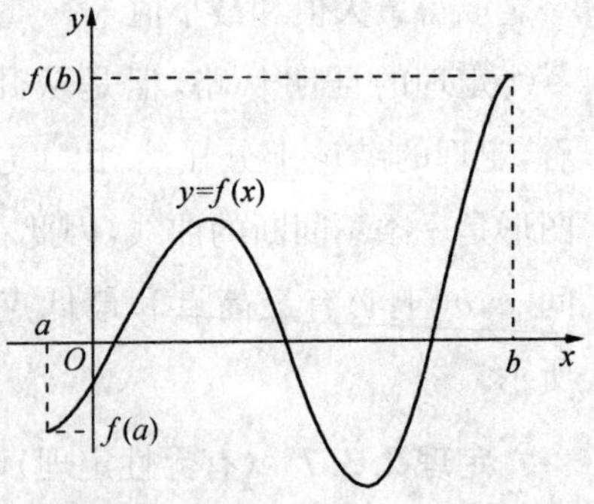

例 2.3.6 证明方程 $x^3 - 4x^2 + 1 = 0$ 在区间 $(0,1)$ 内至少有一个根.

证 令 $f(x) = x^3 - 4x^2 + 1$，则 $f(x)$ 在闭区间 $[0,1]$ 上连续，又因为

图 2.9

$$f(0) = 1 > 0, f(1) = -2 < 0,$$

根据零点定理，在 $(0,1)$ 内至少有一点 x_0，使得

$$f(x_0) = 0,$$

即 $x_0^3 - 4x_0^2 + 1 = 0$,所以方程 $x^3 - 4x^2 + 1 = 0$ 在区间 $(0,1)$ 内至少有一个根.

□

习 题 2.3

A 组

1. 设 $f(x) = \begin{cases} e^{\frac{1}{x}}, & x < 0; \\ a + x, & x \geqslant 0, \end{cases}$ 试问:当常数 a 为何值时,$f(x)$ 在点 $x = 0$ 连续?

2. 讨论下列函数的连续性,并画出函数的图像:

(1) $f(x) = \begin{cases} \sin x, & x \leqslant 0; \\ x^2, & x > 0; \end{cases}$

(2) $f(x) = \begin{cases} x^2 - 1, & x \leqslant 0; \\ \dfrac{1}{x}, & 0 < x < 1; \\ x, & x \geqslant 1. \end{cases}$

3. 求下列函数的间断点,并判断间断点的类型:

(1) $f(x) = \dfrac{x}{\sin x}$;

(2) $f(x) = \dfrac{x}{|x|}$;

(3) $f(x) = \dfrac{x^2 - 1}{x^2 - 3x + 2}$;

(4) $f(x) = x\sin\dfrac{1}{x}$;

(5) $f(x) = \arctan\dfrac{1}{x}$;

(6) $f(x) = \arctan\dfrac{1}{x^2}$.

4. 设 $f(x) = \begin{cases} e^{\frac{1}{x-1}}, & x > 0; \\ \ln(1+x), & -1 < x \leqslant 0, \end{cases}$ 求该函数的间断点,并判断间断点的类型.

5. 已知函数 $f(x) = \dfrac{e^x - b}{(x-a)(x-1)}$，$x=0$ 是 $f(x)$ 的无穷间断点，$x=1$ 是 $f(x)$ 的可去间断点，求常数 a, b 的值.

6. 证明方程 $\sin x + x + 1 = 0$ 在开区间 $\left(-\dfrac{\pi}{2}, \dfrac{\pi}{2}\right)$ 内至少有一个根.

7. 证明方程 $f(x) = x^3 + 2x^2 - 4x - 1$ 在 $(-\infty, +\infty)$ 上至少有三个零点.

B 组

1. 求下列函数的间断点，并判断间断点的类型：

(1) $f(x) = \dfrac{x}{\tan x}$；

(2) $f(x) = \dfrac{2^{\frac{1}{x}} - 1}{2^{\frac{1}{x}} + 1}$；

(3) $f(x) = \begin{cases} \cos \dfrac{\pi}{2} x, & |x| \leqslant 1; \\ |x-1|, & |x| > 1; \end{cases}$

(4) $f(x) = \lim\limits_{n \to \infty} \dfrac{1 - x^{2n}}{1 + x^{2n}} x$.

2. 已知 $\lim\limits_{x \to \infty} \left(\dfrac{x+c}{x-c}\right)^x = e$，求常数 c 的值.

3. 已知函数 $f(x) = \begin{cases} \dfrac{1 - e^{\tan x}}{\arcsin \dfrac{x}{2}}, & x > 0; \\ a e^{2x}, & x \leqslant 0 \end{cases}$ 在 $x = 0$ 处连续，求常数 a 的值.

4. 已知函数 $f(x)$ 连续，且 $\lim\limits_{x \to 0} \dfrac{1 - \cos[x f(x)]}{(e^{x^2} - 1) f(x)} = 1$，求 $f(0)$ 的值.

5. 设函数 $f(x) = \begin{cases} x^2 + 1, & |x| \leqslant c; \\ \dfrac{2}{|x|}, & |x| > c \end{cases}$ 在 $(-\infty, +\infty)$ 内连续，求常数 c 的值.

6. 设函数 $f(x) = \dfrac{\ln|x|}{|x-1|} \sin x$，求 $f(x)$ 的间断点，并判断间断点的类型.

7. 设函数 $f(x)$ 在区间 $[0,1]$ 上连续，且 $f(0) = 0$，$f(1) = 1$，试证：存在 $x_0 \in (0,1)$，使得 $f(x_0) = 1 - x_0$.

第 3 章　导数与微分

在上一章中我们学习了极限的概念,并且极限将贯穿于微积分的始终.本章中,我们将介绍一类特殊的极限——导数,并介绍各种求导法则,以及导数与微分的关系等.

3.1　导数的定义

3.1.1　导数的背景

导数起源于 17 世纪时人们对平面曲线的切线及运动物体速度问题的研究.

早在古希腊时代人们就开始研究圆锥曲线的切线问题,17 世纪解析几何创立之后,这一问题演化为对给定的曲线方程 $y = f(x)$ 如何确定任意点处切线斜率的问题. 法国数学家笛卡尔(Descartes)和费马(Fermat)以及英国数学及物理学家宝莱(Barrow)都做出了重要贡献,最终微积分创始人之一的德国数学家莱布尼兹(Leibniz)发现了平面曲线的切线斜率与我们如今称之为导数的两者之间的联系,为这一问题找到了行之有效的解决办法.

先来看平面曲线的切线问题,如图 3.1 所示,函数 $f(x)$ 在某区间上连续, $A(x_0, f(x_0))$ 是函数图像上的一个定点,

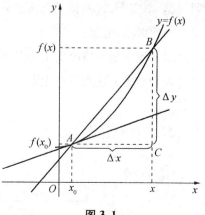

图 3.1

以下研究该曲线在 A 点的切线斜率. 在 A 点附近取动点 $B(x, f(x))$，$\Delta x = x - x_0$ 为自变量的改变量(或称为增量)，$\Delta y = y - y_0$ 为函数值的改变量(或称为增量)，$\Delta x, \Delta y$ 可正可负. 经过 A, B 两点的直线称为该曲线在 A 点的割线. 当动点 B 沿着曲线向 A 点滑动时，割线 AB 绕着 A 点转动，若在此过程中割线逐渐达到稳定的极限位置，就称此极限位置为曲线在 A 点的切线，相应的，切线的斜率也应是割线的斜率在 $\Delta x \to 0$ 时的极限，即为

$$\lim_{\Delta x \to 0} \frac{\Delta y}{\Delta x} = \lim_{\Delta x \to 0} \frac{f(x_0 + \Delta x) - f(x_0)}{\Delta x}.$$

下面我们研究速度问题，设一个运动质点在 t 时刻的位移可用函数 $s = s(t)$ 表示，则在 $[t, t + \Delta t]$ 时间段内的平均速度可用

$$\bar{v} = \frac{\Delta s}{\Delta t} = \frac{s(t + \Delta t) - s(t)}{\Delta t}$$

表示. 当我们想求某个时刻的瞬时速度，只需取 $\Delta t \to 0$ 的极限即可，即

$$v = \lim_{\Delta t \to 0} \frac{\Delta s}{\Delta t} = \lim_{\Delta t \to 0} \frac{s(t + \Delta t) - s(t)}{\Delta t}.$$

无论是平面曲线在某点切线的问题还是运动质点瞬时速度的问题都可以看作是函数的改变量(或称为增量)与自变量的改变量(或称为增量)之比的极限问题. 事实上，这一类问题很常见，物理中加速度是速度改变量与时间改变量之比的极限；电流强度是电量改变量与时间改变量之比的极限；人口学中的人口增长速率是人口改变量与时间改变量之比的极限；经济学中弹性等问题也可以归结为上述类型的极限. 下面把这类问题总结起来，就是我们要研究的导数.

3.1.2 导数的定义

定义 3.1.1 （导数）设函数 $y = f(x)$ 在 x_0 点的某邻域内有定义，若极限

$$\lim_{\Delta x \to 0} \frac{f(x_0 + \Delta x) - f(x_0)}{\Delta x} \text{ 或} \lim_{x \to x_0} \frac{f(x) - f(x_0)}{x - x_0}$$

存在,则称 $f(x)$ 在 x_0 点**可导**,并称此极限为 $f(x)$ 在 x_0 点的**导数**(或称**微商**),记为

$$f'(x_0), y'(x_0), \frac{\mathrm{d}f}{\mathrm{d}x}(x_0), \frac{\mathrm{d}f}{\mathrm{d}x}\bigg|_{x=x_0}, y'\bigg|_{x=x_0}, \frac{\mathrm{d}y}{\mathrm{d}x}\bigg|_{x=x_0}.$$

定义 3.1.2 (单侧导数)设函数 $y=f(x)$ 在 x_0 点及 x_0 点的某右邻域内有定义,若极限

$$\lim_{\Delta x \to 0^+} \frac{f(x_0+\Delta x)-f(x_0)}{\Delta x} \text{ 或 } \lim_{x \to x_0^+} \frac{f(x)-f(x_0)}{x-x_0}$$

存在,则称 $f(x)$ 在 x_0 点**右可导**,并称此极限为 $f(x)$ 在 x_0 点的**右导数**,记为 $f'_+(x_0), y'_+(x_0)$;设函数 $y=f(x)$ 在 x_0 点及 x_0 点的某左邻域内有定义,若极限

$$\lim_{\Delta x \to 0^-} \frac{f(x_0+\Delta x)-f(x_0)}{\Delta x} \text{ 或 } \lim_{x \to x_0^-} \frac{f(x)-f(x_0)}{x-x_0}$$

存在,则称 $f(x)$ 在 x_0 点**左可导**,并称此极限为 $f(x)$ 在 x_0 点的**左导数**,记为 $f'_-(x_0), y'_-(x_0)$.

显然,当 $f(x)$ 在 x_0 点右可导时,动点 B 自定点 A 右侧沿着曲线向 A 点移动;当 $f(x)$ 在 x_0 点左可导时,动点 B 自定点 A 左侧沿着曲线向 A 点移动. 我们不难得出以下定理:

定理 3.1.1 函数 $y=f(x)$ 在 x_0 点及 x_0 点的可导的充要条件是 $f(x)$ 在 x_0 点左右导数都存在且相等.

若函数 $y=f(x)$ 在区间 (a,b) 上任意点可导,则称 $f(x)$ 在区间 (a,b) 上可导;若函数 $y=f(x)$ 在区间 (a,b) 上任意点可导,并在 a 点右可导,在 b 点左可导则称 $f(x)$ 在区间 $[a,b]$ 上可导;若 $y=f(x)$ 在定义域上任一点的导数均存在,则称 $f(x)$ 为**可导函数**. 此时,对于定义域上任一 x 均存在唯一的导数值 $f'(x)$ 与之对应,这种函数关系称为**导函数**,记为 $f'(x)$. 有时直接简称为 $f(x)$ 的导数 $f'(x)$,符号也可写为

$$f', y', \frac{\mathrm{d}f}{\mathrm{d}x}, \frac{\mathrm{d}}{\mathrm{d}x}f(x).$$

例 3.1.1 已知 $f'(1)=2$，求 $\lim\limits_{x\to 0}\dfrac{f(1-2\sin x)-f(1)}{\sin x}$.

解 因为 $f'(1)=2$，所以

$$\lim_{x\to 0}\frac{f(1-2\sin x)-f(1)}{-2\sin x}=f'(1),$$

于是

$$\lim_{x\to 0}\frac{f(1-2\sin x)-f(1)}{\sin x}=-2f'(1)=-4. \qquad \square$$

函数的可导性和我们之前学过的函数的连续性之间有什么关联呢？有下面的定理：

定理 3.1.2 若 $f(x)$ 在 x_0 点可导，则 $f(x)$ 在 x_0 点连续.

证 因为 $f(x)$ 在 x_0 点可导，所以

$$f'(x_0)=\lim_{x\to x_0}\frac{f(x)-f(x_0)}{x-x_0}$$

存在. 于是

$$\lim_{x\to x_0}(f(x)-f(x_0))=\lim_{x\to x_0}\frac{f(x)-f(x_0)}{x-x_0}(x-x_0)$$

$$=f'(x_0)\lim_{x\to x_0}(x-x_0)=f'(x_0)\cdot 0=0.$$

因此，$f(x)$ 在 x_0 点连续. $\qquad \square$

注 此定理的逆命题不成立.

例 3.1.2 证明 $f(x)=|x|$ 在 $x_0=0$ 点连续但是不可导.

证 因为

$$\lim_{x\to 0}f(x)=\lim_{x\to 0}|x|=0=|0|,$$

所以 $f(x)=|x|$ 在 $x_0=0$ 点连续. 但是，

$$f'_+(0) = \lim_{\Delta x \to 0^+} \frac{f(0+\Delta x)-f(0)}{\Delta x} = \lim_{\Delta x \to 0^+} \frac{|\Delta x|-0}{\Delta x} = \lim_{\Delta x \to 0^+} \frac{\Delta x}{\Delta x} = 1,$$

$$f'_-(0) = \lim_{\Delta x \to 0^-} \frac{f(0+\Delta x)-f(0)}{\Delta x} = \lim_{\Delta x \to 0^-} \frac{|\Delta x|-0}{\Delta x} = \lim_{\Delta x \to 0^-} \frac{-\Delta x}{\Delta x} = -1,$$

由于 $f'_+(0) \neq f'_-(0)$，根据定理 3.1.1 可知，$f(x)=|x|$ 在 $x_0=0$ 点不可导.

$\square$

例 3.1.3　设

$$f(x) = \begin{cases} \mathrm{e}^x-1, & x>0; \\ 0, & x=0; \\ \dfrac{1}{2}x^2+x, & x<0, \end{cases}$$

求 $f'(0)$.

解　为了求出分段点 $x_0=0$ 处的导数，根据单侧导数的定义，

$$f'_+(0) = \lim_{\Delta x \to 0^+} \frac{f(0+\Delta x)-f(0)}{\Delta x} = \lim_{\Delta x \to 0^+} \frac{\mathrm{e}^{\Delta x}-1}{\Delta x} = 1,$$

$$f'_-(0) = \lim_{\Delta x \to 0^-} \frac{f(0+\Delta x)-f(0)}{\Delta x} = \lim_{\Delta x \to 0^-} \frac{\dfrac{1}{2}(\Delta x)^2+\Delta x}{\Delta x} = 1,$$

所以 $f'(0)=1$.

$\square$

例 3.1.4　求 $y=x^3$ 在 $x=2$ 处的切线方程和法线方程.

解　导数的几何意义就是平面曲线上点 x_0 处的切线斜率，于是在 $x=2$ 处的切线斜率为

$$y'(2) = 3x^2\big|_{x=2} = 12,$$

切线方程为 $y-8=12(x-2)$，法线方程为 $y-8=-\dfrac{1}{12}(x-2)$.

$\square$

3.1.3 几个基本初等函数的导数

1. 常值函数 $f(x)=C(C$ 为常数)

因为函数在任意点的函数值均为 C,因此无论 Δx 为多少,均有 $\Delta y=0$,故

$$f'(x) = \lim_{\Delta x \to 0} \frac{\Delta y}{\Delta x} = \lim_{\Delta x \to 0} \frac{0}{\Delta x} = 0,$$

即 $(C)'=0$.

2. 幂函数 $f(x)=x^\mu(\mu$ 为实常数)

我们分为 $x \neq 0$ 和 $x=0$ 两种情况分别来求:

当 $x \neq 0$ 时,

$$f'(x) = \lim_{\Delta x \to 0} \frac{\Delta y}{\Delta x} = \lim_{\Delta x \to 0} \frac{(x + \Delta x)^\mu - x^\mu}{\Delta x} = \lim_{\Delta x \to 0} x^\mu \frac{\left(1 + \dfrac{\Delta x}{x}\right)^\mu - 1}{\Delta x},$$

当 $\Delta x \to 0$ 时,$\dfrac{\Delta x}{x} \to 0$,由等价无穷小替换法则知,

$$\left(1 + \frac{\Delta x}{x}\right)^\mu - 1 \sim \mu \frac{\Delta x}{x},$$

从而

$$f'(x) = \lim_{\Delta x \to 0} x^\mu \frac{\mu \dfrac{\Delta x}{x}}{\Delta x} = \mu x^{\mu-1}.$$

当 $x=0$ 时,上述结论在 $\mu \geqslant 1$ 时仍然成立,

$$f'(0) = \lim_{\Delta x \to 0} \frac{(\Delta x)^\mu - 0}{\Delta x} = \lim_{\Delta x \to 0} (\Delta x)^{\mu-1} = \begin{cases} 1, & \mu = 1; \\ 0, & \mu > 1. \end{cases}$$

综上 $(x^\mu)' = \mu x^{\mu-1}$ 对有意义的情况均成立.

3. 指数函数 $f(x)=a^x(a>0$ 且 $a \neq 1)$

应用等价无穷小量替换，

$$f'(x) = \lim_{\Delta x \to 0} \frac{\Delta y}{\Delta x} = \lim_{\Delta x \to 0} \frac{a^{x+\Delta x} - a^x}{\Delta x} = a^x \lim_{\Delta x \to 0} \frac{a^{\Delta x} - 1}{\Delta x}$$

$$= a^x \lim_{\Delta x \to 0} \frac{e^{\ln a^{\Delta x}} - 1}{\Delta x} = a^x \lim_{\Delta x \to 0} \frac{\ln a^{\Delta x}}{\Delta x} = a^x \lim_{\Delta x \to 0} \frac{\Delta x \ln a}{\Delta x} = a^x \ln a.$$

即 $(a^x)' = a^x \ln a$，特别地，$(e^x)' = e^x$.

4. 对数函数 $f(x) = \log_a x (a > 0$ 且 $a \neq 1)$

应用等价无穷小量替换和换底公式，

$$f'(x) = \lim_{\Delta x \to 0} \frac{\Delta y}{\Delta x} = \lim_{\Delta x \to 0} \frac{\log_a(x + \Delta x) - \log_a x}{\Delta x} = \lim_{\Delta x \to 0} \frac{\log_a\left(1 + \dfrac{\Delta x}{x}\right)}{\Delta x}$$

$$= \lim_{\Delta x \to 0} \frac{\ln\left(1 + \dfrac{\Delta x}{x}\right)}{\ln a \cdot \Delta x} = \lim_{\Delta x \to 0} \frac{\dfrac{\Delta x}{x}}{\ln a \cdot \Delta x} = \frac{1}{x \ln a}.$$

即 $(\log_a x)' = \dfrac{1}{x \ln a}$，特别地，$(\ln x)' = \dfrac{1}{x}$.

5. 正弦函数 $f(x) = \sin x$

$$f'(x) = \lim_{\Delta x \to 0} \frac{\Delta y}{\Delta x} = \lim_{\Delta x \to 0} \frac{\sin(x + \Delta x) - \sin x}{\Delta x}$$

$$= \lim_{\Delta x \to 0} \frac{\sin x \cos \Delta x + \cos x \sin \Delta x - \sin x}{\Delta x}$$

$$= \lim_{\Delta x \to 0} \sin x \frac{\cos \Delta x - 1}{\Delta x} + \lim_{\Delta x \to 0} \cos x \frac{\sin \Delta x}{\Delta x}$$

$$= \sin x \lim_{\Delta x \to 0} \frac{-\dfrac{1}{2}(\Delta x)^2}{\Delta x} + \cos x \lim_{\Delta x \to 0} \frac{\sin \Delta x}{\Delta x}$$

$$= \cos x.$$

即 $(\sin x)' = \cos x$.

6. 余弦函数 $f(x)=\cos x$

$$f'(x)=\lim_{\Delta x \to 0}\frac{\Delta y}{\Delta x}=\lim_{\Delta x \to 0}\frac{\cos(x+\Delta x)-\cos x}{\Delta x}$$

$$=\lim_{\Delta x \to 0}\frac{\cos x \cos \Delta x-\sin x \sin \Delta x-\cos x}{\Delta x}$$

$$=\lim_{\Delta x \to 0}\cos x \frac{\cos \Delta x-1}{\Delta x}-\lim_{\Delta x \to 0}\sin x \frac{\sin \Delta x}{\Delta x}$$

$$=\cos x \lim_{\Delta x \to 0}\frac{-\frac{1}{2}(\Delta x)^2}{\Delta x}-\sin x \lim_{\Delta x \to 0}\frac{\sin \Delta x}{\Delta x}$$

$$=-\sin x.$$

即 $(\cos x)'=-\sin x$.

习　题　3.1

A 组

1. 已知某质点运动方程为 $S=5t+2t^2$，令 $\Delta t=0.1$，求从 $t=3$ 至 $t=3+\Delta t$ 这一段时间内的平均速度及 $t=3$ 时刻的瞬时速度.

2. 已知抛物线 $y=3x^2+2x+1$，求抛物线在点 $(-1,2)$ 的切线方程.

3. 设 $f(x)$ 在 x_0 点可导，求：

(1) $\lim\limits_{\Delta x \to 0}\dfrac{f(x_0-\Delta x)-f(x_0)}{\Delta x}$；

(2) $\lim\limits_{n \to \infty}n\left[f\left(x_0+\dfrac{1}{n}\right)-f(x_0)\right]$；

(3) $\lim\limits_{\Delta x \to 0}\dfrac{f(x_0+\Delta x)-f(x_0-\Delta x)}{\Delta x}$.

4. 求 $y=\mathrm{e}^{-|x|}$ 在 $x=0$ 点的左导数和右导数.

5. 若以下函数在 $x=0$ 点可导，试确定待定系数 a,b：

(1) $y=\begin{cases} x^2+1, & x>0; \\ ax+b, & x\leqslant 0; \end{cases}$　　　　(2) $y=\begin{cases} xe^x, & x>0; \\ ax+b, & x\leqslant 0. \end{cases}$

B 组

1. 设函数 $f(x)=\begin{cases} x^m\sin\dfrac{1}{x}, & x\neq 0; \\ 0, & x=0, \end{cases}$（$m$ 为正整数），

试问：(1) m 满足什么条件，$f(x)$ 在 $x=0$ 点连续？

(2) m 满足什么条件，$f(x)$ 在 $x=0$ 点可导？

2. 设 $g(0)=g'(0)=0$，$f(x)=\begin{cases} g(x)\sin\dfrac{1}{x}, & x\neq 0; \\ 0, & x=0, \end{cases}$ 求 $f'(0)$.

3. 证明：双曲线 $xy=a^2$ 上任意一点的切线与两坐标轴围成的直角三角形的面积为 $2a^2$.

4. 证明：(1) 奇函数的导函数是偶函数；偶函数的导函数是奇函数.

(2) 周期函数的导函数仍是周期函数且周期不变.

3.2　求导法则

在上一节中我们学习了导数的基本概念，在实际问题中，有时直接应用定义求导数很复杂，这一节中我们将利用导数的定义推导出求导的四则运算法则，反函数和复合函数求导法则，隐函数和参数式函数求导法则，以及取对数求导法则，利用这些求导法则可以对初等函数求导.

3.2.1　四则运算法则

定理 3.2.1　如果 $f(x),g(x)$ 均在 x 点可导，那么它们的和、差、积、商函数也在 x 点可导，且有

(1) $(f(x)\pm g(x))'=f'(x)\pm g'(x)$；

(2) $(f(x)g(x))' = f'(x)g(x) + f(x)g'(x)$;

(3) $\left(\dfrac{f(x)}{g(x)}\right)' = \dfrac{f'(x)g(x) - f(x)g'(x)}{g^2(x)}$ $(g(x) \neq 0)$.

证 (1) 设 $y(x) = f(x) + g(x)$，则

$$\begin{aligned}
y'(x) &= \lim_{\Delta x \to 0} \frac{\Delta y}{\Delta x} \\
&= \lim_{\Delta x \to 0} \frac{(f(x+\Delta x) + g(x+\Delta x)) - (f(x) + g(x))}{\Delta x} \\
&= \lim_{\Delta x \to 0} \frac{(f(x+\Delta x) - f(x)) + (g(x+\Delta x)) - g(x)}{\Delta x} \\
&= \lim_{\Delta x \to 0} \frac{f(x+\Delta x) - f(x)}{\Delta x} + \lim_{\Delta x \to 0} \frac{(g(x+\Delta x)) - g(x)}{\Delta x},
\end{aligned}$$

即 $(f(x)+g(x))' = f'(x) + g'(x)$，同理 $(f(x)-g(x))' = f'(x) - g'(x)$；

(2) 设 $y(x) = f(x)g(x)$，则

$$\begin{aligned}
y'(x) &= \lim_{\Delta x \to 0} \frac{\Delta y}{\Delta x} = \lim_{\Delta x \to 0} \frac{f(x+\Delta x)g(x+\Delta x) - f(x)g(x)}{\Delta x} \\
&= \lim_{\Delta x \to 0} \frac{f(x+\Delta x)g(x+\Delta x) - f(x)g(x+\Delta x) + f(x)g(x+\Delta x) - f(x)g(x)}{\Delta x} \\
&= \lim_{\Delta x \to 0} \frac{f(x+\Delta x) - f(x)}{\Delta x} g(x+\Delta x) + \lim_{\Delta x \to 0} \frac{g(x+\Delta x) - g(x)}{\Delta x} f(x) \\
&= f'(x)g(x) + f(x)g'(x),
\end{aligned}$$

即 $(f(x)g(x))' = f'(x)g(x) + f(x)g'(x)$，

特别地，$(kf(x))' = kf'(x)$，其中 k 为任意常数；

(3) 设 $y(x) = \dfrac{f(x)}{g(x)}$，则

$$y'(x) = \lim_{\Delta x \to 0} \frac{\Delta y}{\Delta x} = \lim_{\Delta x \to 0} \frac{\dfrac{f(x+\Delta x)}{g(x+\Delta x)} - \dfrac{f(x)}{g(x)}}{\Delta x}$$

$$= \lim_{\Delta x \to 0} \frac{f(x+\Delta x)g(x) - f(x)g(x+\Delta x)}{g(x)g(x+\Delta x)\Delta x}$$

$$= \lim_{\Delta x \to 0} \frac{f(x+\Delta x)g(x) - f(x)g(x) + f(x)g(x) - f(x)g(x+\Delta x)}{g(x)g(x+\Delta x)\Delta x}$$

$$= \lim_{\Delta x \to 0} \frac{\dfrac{f(x+\Delta x) - f(x)}{\Delta x}g(x) - \dfrac{g(x+\Delta x) - g(x)}{\Delta x}f(x)}{g(x+\Delta x)g(x)}$$

$$= \frac{f'(x)g(x) - f(x)g'(x)}{g^2(x)},$$

即 $\left(\dfrac{f(x)}{g(x)}\right)' = \dfrac{f'(x)g(x) - f(x)g'(x)}{g^2(x)},$

特别地，$\left(\dfrac{k}{f(x)}\right)' = \dfrac{-kf'(x)}{f^2(x)}$，其中 k 为任意常数. □

例 3.2.1 求 $y = \log_a x + x^{\frac{1}{3}}$ 的导数.

解 根据定理 3.2.1 中的导数加法运算法则和对数函数及幂函数的求导公式，

$$y' = (\log_a x)' + (x^{\frac{1}{3}})' = \frac{1}{x\ln a} + \frac{1}{3}x^{-\frac{2}{3}}. \qquad □$$

例 3.2.2 求 $y = 2^x \sin x$ 的导数.

解 根据定理 3.2.1 中的导数乘法运算法则和指数函数及正弦函数的求导公式，

$$y' = (2^x \sin x)' = 2^x \sin x \ln 2 + 2^x \cos x. \qquad □$$

例 3.2.3 求正切函数、余切函数、正割函数和余割函数的导数.

解 根据定理 3.2.1 中的导数除法运算法则和正弦函数及余弦函数的求导公式，

$$(\tan x)' = \left(\frac{\sin x}{\cos x}\right)' = \frac{(\sin x)'\cos x - \sin x(\cos x)'}{\cos^2 x}$$

$$= \frac{\cos^2 x + \sin^2 x}{\cos^2 x} = \frac{1}{\cos^2 x} = \sec^2 x.$$

$$(\cot x)' = \left(\frac{\cos x}{\sin x}\right)' = \frac{(\cos x)'\sin x - \cos x(\sin x)'}{\sin^2 x}$$

$$= \frac{-\sin^2 x - \cos^2 x}{\sin^2 x} = \frac{-1}{\sin^2 x} = -\csc^2 x.$$

$$(\sec x)' = \left(\frac{1}{\cos x}\right)' = \frac{-(\cos x)'}{\cos^2 x} = \frac{\sin x}{\cos^2 x} = \tan x \sec x.$$

$$(\csc x)' = \left(\frac{1}{\sin x}\right)' = \frac{-(\sin x)'}{\sin^2 x} = \frac{-\cos x}{\sin^2 x} = -\cot x \csc x. \qquad \square$$

3.2.2 反函数求导法则

定理 3.2.2 设 $y = f(x)$ 在区间 X 上严格单调，$x_0 \in X$，若 $f(x)$ 在 x_0 点可导且 $f'(x_0) \neq 0$，则其反函数 $x = f^{-1}(y)$ 在对应点 $y_0 = f(x_0)$ 可导，且

$$\frac{\mathrm{d}x}{\mathrm{d}y}\bigg|_{y=y_0} = \frac{1}{f'(x_0)}.$$

证 因为 $y = f(x)$ 在区间 X 上严格单调，因此在对应的区间 $Y = f(X)$ 上存在严格单调的反函数 $x = f^{-1}(y)$，于是 $\Delta x \neq 0$ 当且仅当 $\Delta y \neq 0$. 由于 $f(x)$ 在 x_0 点可导，则 $f(x)$ 在 x_0 点连续，不难得到 $\Delta x \to 0$ 的充要条件是 $\Delta y \to 0$，于是

$$\frac{\mathrm{d}x}{\mathrm{d}y}\bigg|_{y=y_0} = \lim_{\Delta y \to 0} \frac{\Delta x}{\Delta y} = \frac{1}{\lim\limits_{\Delta x \to 0} \dfrac{\Delta y}{\Delta x}} = \frac{1}{f'(x_0)}. \qquad \square$$

应用反函数求导法则，我们可以求出以下反三角函数的导数.

例 3.2.4　求反正弦函数、反余弦函数、反正切函数和反余切函数的导数.

解　根据反正弦函数的定义域 $|x| \leqslant 1$，值域 $|y| \leqslant \dfrac{\pi}{2}$，故 $\cos y \geqslant 0$，于是

$$(\arcsin x)' = \frac{1}{(\sin y)'} = \frac{1}{\cos y} = \frac{1}{\sqrt{1 - \sin^2 y}} = \frac{1}{\sqrt{1 - x^2}}.$$

根据反余弦函数的定义域 $|x| \leqslant 1$，值域 $0 \leqslant y \leqslant \pi$，故 $\sin y \geqslant 0$，于是

$$(\arccos x)' = \frac{1}{(\cos y)'} = -\frac{1}{\sin y} = -\frac{1}{\sqrt{1 - \cos^2 y}} = -\frac{1}{\sqrt{1 - x^2}}.$$

$$(\arctan x)' = \frac{1}{(\tan y)'} = \frac{1}{\sec^2 y} = \frac{1}{1 + \tan^2 y} = \frac{1}{1 + x^2}.$$

$$(\operatorname{arccot} x)' = \frac{1}{(\cot y)'} = -\frac{1}{\csc^2 y} = -\frac{1}{1 + \cot^2 y} = -\frac{1}{1 + x^2}. \qquad \Box$$

下面给出基本初等函数的导数公式：

(1) $(C)' = 0$（C 为任意常数）；

(2) $(x^\mu)' = \mu x^{\mu-1}$（μ 为实常数）；

(3) $(a^x)' = a^x \ln a$（$a > 0$ 且 $a \neq 1$），特别地，$(\mathrm{e}^x)' = \mathrm{e}^x$；

(4) $(\log_a x)' = \dfrac{1}{x \ln a}$（$a > 0$ 且 $a \neq 1$），特别地，$(\ln x)' = \dfrac{1}{x}$；

(5) $(\sin x)' = \cos x$；

(6) $(\cos x)' = -\sin x$；

(7) $(\tan x)' = \sec^2 x$；

(8) $(\cot x)' = -\csc^2 x$；

(9) $(\sec x)' = \sec x \tan x$；

(10) $(\csc x)' = -\csc x \cot x$；

(11) $(\arcsin x)' = \dfrac{1}{\sqrt{1-x^2}}$;

(12) $(\arccos x)' = -\dfrac{1}{\sqrt{1-x^2}}$;

(13) $(\arctan x)' = \dfrac{1}{1+x^2}$;

(14) $(\text{arccot}\, x)' = -\dfrac{1}{1+x^2}$.

3.2.3　复合函数求导法则

定理 3.2.3　设函数 $y=f(u)$, $u=g(x)$ 可复合,若 $u=g(x)$ 在 x_0 点可导, $y=f(u)$ 在 $u_0=g(x_0)$ 可导,则复合函数 $y=f(g(x))$ 在 x_0 点可导,且

$$(f(g(x)))'\Big|_{x=x_0} = f'(u_0)g'(x_0) = f'(g(x_0))g'(x_0).$$

证　由于外函数 $y=f(u)$ 在 u_0 点可导,则

$$\lim_{\Delta u \to 0} \frac{\Delta y}{\Delta u} = f'(u_0).$$

根据定理 2.2.11,

$$\frac{\Delta y}{\Delta u} = f'(u_0) + \alpha,$$

这里的 α 是一个 $\Delta u \to 0$ 时的无穷小量,在上式两边同时乘以 Δu,则有

$$\Delta y = f(u_0 + \Delta u) - f(u_0) = f'(u_0) \cdot \Delta u + \alpha \cdot \Delta u, \qquad (3.2.1)$$

显然(3.2.1)式对于 $\Delta u = 0$ 也成立,事实上

$$\Delta u = g(x_0 + \Delta x) - g(x_0).$$

在(3.2.1)式两边同除以 Δx,并取极限 $\Delta x \to 0$,此时必有 $\Delta u \to 0$,并且

$$\left(f(g(x))\right)'\Big|_{x=x_0} = \lim_{\Delta x \to 0}\frac{\Delta y}{\Delta x} = \lim_{\Delta x \to 0}\frac{f(g(x_0+\Delta x))-f(g(x_0))}{\Delta x}$$

$$= \lim_{\Delta x \to 0}f'(u_0)\frac{\Delta u}{\Delta x} + \lim_{\Delta x \to 0}\alpha\frac{\Delta u}{\Delta x} = f'(u_0)\cdot g'(x_0)+0$$

$$= f'(g(x_0))g'(x_0). \qquad\qquad \square$$

复合函数求导法则常被写成

$$\frac{\mathrm{d}y}{\mathrm{d}x} = \frac{\mathrm{d}y}{\mathrm{d}u}\cdot\frac{\mathrm{d}u}{\mathrm{d}x},$$

并被形象地称为**链锁法则**,不难将此公式推广到三个及三个以上函数复合的情形,例如:$y=f(u)$,$u=g(v)$,$v=h(x)$ 形成的复合函数 $y=f(g(h(x)))$ 的导数为

$$\frac{\mathrm{d}y}{\mathrm{d}x} = \frac{\mathrm{d}y}{\mathrm{d}u}\cdot\frac{\mathrm{d}u}{\mathrm{d}v}\cdot\frac{\mathrm{d}v}{\mathrm{d}x} = f'(u)g'(v)h'(x). \qquad\qquad \square$$

例 3.2.5 求双曲函数 $shx=\dfrac{e^x-e^{-x}}{2}$,$chx=\dfrac{e^x+e^{-x}}{2}$,$thx=\dfrac{shx}{chx}$ 的导数.

解

$$(shx)' = \left(\frac{e^x-e^{-x}}{2}\right)' = \frac{1}{2}(e^x)' - \frac{1}{2}(e^{-x})'$$

$$= \frac{1}{2}e^x - \frac{1}{2}e^{-x}\cdot(-x)' = \frac{1}{2}(e^x+e^{-x}) = chx.$$

$$(chx)' = \left(\frac{e^x+e^{-x}}{2}\right)' = \frac{1}{2}(e^x)' + \frac{1}{2}(e^{-x})'$$

$$= \frac{1}{2}e^x + \frac{1}{2}e^{-x}\cdot(-x)' = \frac{1}{2}(e^x-e^{-x}) = shx.$$

$$(thx)' = \left(\frac{shx}{chx}\right)' = \frac{(shx)'chx - shx(chx)'}{ch^2x}$$

$$= \frac{(chx)^2-(shx)^2}{ch^2x} = \frac{1}{ch^2x}. \qquad\qquad \square$$

例 3.2.6 求 $y=\mathrm{e}^{\sin x}$ 的导数.

解 将 $y=\mathrm{e}^{\sin x}$ 视为 $y=\mathrm{e}^{u}$ 与 $u=\sin x$ 复合而成，则由链锁法则，

$$(\mathrm{e}^{\sin x})' = (\mathrm{e}^{u})' \cdot (\sin x)' = \mathrm{e}^{u} \cdot \cos x = \mathrm{e}^{\sin x} \cdot \cos x.$$ □

例 3.2.7 求 $y=\ln\cos x$ 的导数.

解 将 $y=\ln\cos x$ 视为 $y=\ln u$ 与 $u=\cos x$ 复合而成，则由链锁法则，

$$(\ln\cos x)' = (\ln u)'(\cos x)' = \frac{1}{u}(-\sin x)$$

$$= \frac{1}{\cos x}(-\sin x) = -\tan x.$$ □

例 3.2.8 求 $y=\ln|x|$ 的导数.

解 当 $x>0$ 时，$\ln|x|=\ln x$，故

$$(\ln|x|)' = (\ln x)' = \frac{1}{x}.$$

当 $x<0$ 时

$$(\ln|x|)' = (\ln(-x))' = (\ln u)' \cdot (-x)' = \frac{1}{u} \cdot (-1) = \frac{1}{x}.$$

综上，无论哪种情况均有 $(\ln|x|)' = \dfrac{1}{x}$. □

例 3.2.9 求 $y=\ln(x+\sqrt{x^2+a^2})$ 的导数.

解
$$y' = \frac{1}{x+\sqrt{x^2+a^2}}(x+\sqrt{x^2+a^2})'$$

$$= \frac{1}{x+\sqrt{x^2+a^2}}\left(1+\frac{1}{2}(x^2+a^2)^{-\frac{1}{2}} \cdot 2x\right)$$

$$= \frac{1}{x+\sqrt{x^2+a^2}}\left(1+\frac{x}{\sqrt{x^2+a^2}}\right)$$

$$= \frac{1}{\sqrt{x^2+a^2}}.$$ □

例 3. 2. 10　求 $y=\cos^3\dfrac{1}{x}$ 的导数.

解　$y=\cos^3\dfrac{1}{x}$ 可视为 $y=u^3, u=\cos v, v=\dfrac{1}{x}$ 三层函数复合而成,由链锁法则得

$$y' = (u^3)'(\cos v)'\left(\frac{1}{x}\right)'$$

$$= 3u^2(-\sin v)(-x^{-2})$$

$$= 3\cos^2\frac{1}{x}\cdot\sin\frac{1}{x}\cdot x^{-2}.\qquad\square$$

3. 2. 4　隐函数求导法则

若自变量 x 与函数 y 的关系式可直接表达如 $y=x^3, y=\sin x$ 的形式,我们称这种显而易见的关系为**显函数**;若 x 与 y 的关系是通过方程

$$F(x,y) = 0$$

确定的,即在 x 的某个区间内,通过上述方程可得到若干个函数关系,我们称这样的函数关系为**隐函数**. 有些方程确定的函数关系很容易被解出显函数关系,例如方程 $x^2+y^2=R^2$ 可解出两个函数关系

$$y = \pm\sqrt{R^2-x^2}.$$

但是,在大多数情况下要求 x 和 y 的显函数关系式十分困难,即使一些看似简单的方程所蕴含的函数关系也超出了我们目前所接触过的函数范围. 事实上,应用之前学过的链锁法则,我们可以绕开通过方程解出 x 与 y 的函数,方法是在方程 $F(x,y)=0$ 中将 y 视为一个关于 x 的函数 $y(x)$,在方程两边同时对 x 求导,再解出 $y'(x)$,即隐函数的导数. 我们称此方法为**隐函数求导法则**,下面以例子说明这个方法.

例 3. 2. 11　求方程 $e^y-xy=0$ 确定的隐函数的导数.

解　将 y 视为关于 x 的函数 $y(x)$，方程即为

$$e^{y(x)} - xy(x) = 0.$$

两边同时对 x 求导，得

$$e^{y(x)}y'(x) - y(x) - xy'(x) = 0,$$

解得

$$y'(x) = \frac{y(x)}{e^{y(x)} - x} = \frac{y}{e^y - x}. \qquad \qquad \square$$

例 3.2.12　求由方程 $xe^y = \ln(x+y)$ 确定的隐函数在 $x=0$ 处的导数 $y'(0)$.

解　将 y 视为关于 x 的函数 $y(x)$，方程为

$$xe^{y(x)} = \ln(x + y(x)),$$

两边同时对 x 求导，得

$$e^{y(x)} + xe^{y(x)}y'(x) = \frac{1}{x + y(x)}(1 + y'(x)), \qquad (3.2.2)$$

代入 $x=0$ 到原方程，不难解出 $y(0)=1$，于是在 (3.2.2) 式中代入 $x=0$，$y=1$，可得 $y'(0)=e-1$.

3.2.5　取对数求导法则

之前我们学习了函数之间通过四则运算、复合等方式结合在一起的求导问题，下面我们学习的一种求导法则适用于处理更复杂的问题.

设 $f(x)$ 为可导函数且 $f(x)\neq 0$，则由链锁法则 $(\ln|f(x)|)' = \dfrac{f'(x)}{f(x)}$，于是 $f'(x) = f(x)(\ln|f(x)|)'$. 我们称这种求导方法为**取对数求导法则**，一般适用于幂指函数和复杂的根式函数求导问题，下面分别举例说明.

例 3.2.13　设 $y = x^x$，求 y'.

解　等式两边同时取对数，可将幂指函数的形式化为

$$\ln y(x) = x \ln x,$$

两边同时对 x 求导,得

$$\frac{y'(x)}{y(x)} = \ln x + 1,$$

则 $y'(x) = y(x)(\ln x + 1)$,即 $y' = x^x(\ln x + 1)$. □

例 3. 2. 14　设 $y = \sqrt[3]{\dfrac{(x+2)^5(x-1)^2}{(x+4)^4(x-3)}}$,求 y'.

解　两边同时取对数,得

$$\ln y = \frac{5}{3}\ln|x+2| + \frac{2}{3}\ln|x-1| - \frac{4}{3}\ln|x+4| - \frac{1}{3}\ln|x-3|,$$

其中 y 是关于 x 的函数,两边同时对 x 求导,得

$$\frac{1}{y}y' = \frac{5}{3}\cdot\frac{1}{x+2} + \frac{2}{3}\cdot\frac{1}{x-1} - \frac{4}{3}\cdot\frac{1}{x+4} - \frac{1}{3}\cdot\frac{1}{x-3},$$

$$y' = \sqrt[3]{\frac{(x+2)^5(x-1)^2}{(x+4)^4(x-3)}}\left(\frac{5}{3}\cdot\frac{1}{x+2} + \frac{2}{3}\cdot\frac{1}{x-1} - \frac{4}{3}\cdot\frac{1}{x+4} - \frac{1}{3}\cdot\frac{1}{x-3}\right).$$

□

3.2.6　参数式函数求导法则

设函数 $x = \varphi(t)$,$y = \psi(t)$ 有共同的定义域 T,T 上的每一点 t 均存在唯一的 x 和 y 与之对应,称 t 为参数,若 $x = \varphi(t)$ 存在反函数 $t = \varphi^{-1}(x)$,代入 $y = \psi(t)$ 则形成了函数 $y = \psi(\varphi^{-1}(x))$,称这个函数是由参数式方程 $\begin{cases} x = \varphi(t), \\ y = \psi(t) \end{cases}$ 确定的**参数式函数**,下面我们来研究参数式函数的导数.

定理 3. 2. 4　设函数 $x = \varphi(t)$,$y = \psi(t)$ 都在 T 上可导,并且 $\varphi'(t) \neq 0$,则参数式函数 $y = \psi(\varphi^{-1}(x))$ 的导数在范围 $\varphi(T)$ 上存在,并且

$$\frac{\mathrm{d}y}{\mathrm{d}x} = y'(x) = \frac{\psi'(t)}{\varphi'(t)}.$$

证 根据复合函数求导法则和反函数求导法则，

$$\frac{\mathrm{d}y}{\mathrm{d}x} = y'(x) = \psi'(t) \cdot (\varphi^{-1}(x))' = \frac{\mathrm{d}y}{\mathrm{d}t} \cdot \frac{1}{\dfrac{\mathrm{d}x}{\mathrm{d}t}} = \frac{\psi'(t)}{\varphi'(t)}. \qquad \Box$$

例 3.2.15 求参数方程 $\begin{cases} x = a(t - \sin t) \\ y = a(1 - \cos t) \end{cases}$ 确定的参数式函数的导数.

解 $\dfrac{\mathrm{d}y}{\mathrm{d}x} = \dfrac{\mathrm{d}y}{\mathrm{d}t} \bigg/ \dfrac{\mathrm{d}x}{\mathrm{d}t} = \dfrac{a \sin t}{a(1 - \cos t)} = \dfrac{\sin t}{1 - \cos t}.$ $\qquad \Box$

例 3.2.16 设一平面曲线的极坐标方程为 $\rho = 3 + \sin\theta$，求该曲线在 $\theta = \dfrac{\pi}{2}$ 所对应点处的切线方程.

解 曲线的参数方程为 $\begin{cases} x = (3 + \sin\theta)\cos\theta, \\ y = (3 + \sin\theta)\sin\theta; \end{cases}$ 当 $\theta = \dfrac{\pi}{2}$ 时，$x = 0, y = 4$. 该点切线的斜率由导数的几何意义得

$$\frac{\mathrm{d}y}{\mathrm{d}x} = \frac{\mathrm{d}y}{\mathrm{d}\theta} \bigg/ \frac{\mathrm{d}x}{\mathrm{d}\theta} = \frac{\cos\theta\sin\theta + (3 + \sin\theta)\cos\theta}{\cos\theta\cos\theta + (3 + \sin\theta)(-\sin\theta)},$$

代入 $\theta = \dfrac{\pi}{2}$ 得 0，于是切线为 $y = 4$. $\qquad \Box$

习 题 3.2

A 组

1. 求以下函数的导数：

(1) $y = 4x^3 + 2\sqrt{x} + \sqrt[3]{4x} + 1$;   (2) $y = \dfrac{1}{x} + \dfrac{2}{x^2} + \dfrac{3}{\sqrt[4]{x^3}}$;

(3) $y=x^3\log_3 x$;

(4) $y=\dfrac{1+\sin x}{1-\sin x}$;

(5) $y=\sin^2 x$;

(6) $y=\dfrac{1-x^2}{\sin x+\cos x}$.

2. 求以下函数的导数：

(1) $y=\dfrac{\sin x^3}{\sin^3 x}$;

(2) $y=(x^3+2x+1)^3$;

(3) $y=(\sin x+\cos 2x)^2$;

(4) $y=\ln(\sin x)$;

(5) $y=\cos\sqrt{1+x^8}$;

(6) $y=\arcsin\dfrac{1}{x^2}$;

(7) $y=(\arctan x^2)^2$;

(8) $y=\left(\dfrac{x^2+1}{x^2-1}\right)^2$;

(9) $y=\mathrm{e}^{\cos^2\frac{1}{x}}$;

(10) $y=\arctan\dfrac{1+x}{1-x}$.

3. 设 $f(x)$ 可导，求以下函数的导数：

(1) $y=f(x^2)$;

(2) $y=f(f(x))$;

(3) $y=f(\ln x)$;

(4) $y=f\left(\dfrac{1}{f(x)}\right)$;

(5) $y=\sqrt{f(x)}$;

(6) $y=\sin(f(\sin x))$;

(7) $y=f(\mathrm{e}^x)\mathrm{e}^{f(x)}$.

4. 求下列方程确定的隐函数的导数：

(1) $y+x\mathrm{e}^y=1$;

(2) $\sin(xy)+x^2y=1$;

(3) $xy-\ln(x+y)=0$;

(4) $3y\sin x-x^2\ln y=0$.

5. 用取对数求导法求下列函数的导数：

(1) $y=(\sin x)^x$;

(2) $y=\sqrt[3]{\dfrac{1+2x}{1-3x}}$;

(3) $y=\dfrac{\sqrt{x}\sin x}{(3x^2+2)\sqrt[5]{x+2}}$;

(4) $y=x(x-1)(x-2)\cdots(x-100)$.

6. 求下列参数式函数的导数：

(1) $\begin{cases} x=3t^3, \\ y=2t^2; \end{cases}$ (2) $\begin{cases} x=te^{-t}, \\ y=e^{2t}; \end{cases}$

(3) $\begin{cases} x=\sqrt{1+5t^2}, \\ y=\sqrt{2t^3-3}; \end{cases}$ (4) $\begin{cases} x=\ln(1+3t^3), \\ y=t-\arctan t. \end{cases}$

B 组

1. 设 $f(x)$ 满足反函数的条件，求下列函数的导数：

(1) $f^{-1}(x^2)$; (2) $f^{-1}\left(\dfrac{1}{f(x)}\right)$.

3.3 高阶导数

3.3.1 高阶导数的定义

定义 3.3.1 （二阶导数）若函数 $f'(x)$ 在 x_0 点仍可导，即极限

$$\lim_{\Delta x \to 0} \frac{f'(x_0+\Delta x)-f'(x_0)}{\Delta x}$$

存在，则称 $f(x)$ 在 x_0 点**二阶可导**，记为 $f''(x_0)$，$y''(x_0)$，$\dfrac{\mathrm{d}^2 y}{\mathrm{d}x^2}(x_0)$.

定义 3.3.2 （n 阶导数）若函数 $f^{(n-1)}(x)$ 在 x_0 点仍可导，则称 $f(x)$ 在 x_0 点 n **阶可导**，并称 $f^{(n-1)}(x)$ 的导函数在 x_0 点的值为 $f(x)$ 在 x_0 点的 n **阶导数**，记为 $f^{(n)}(x_0)$，$y^{(n)}(x_0)$，$\dfrac{\mathrm{d}^n f}{\mathrm{d}x^n}(x_0)$，$\dfrac{\mathrm{d}^n y}{\mathrm{d}x^n}(x_0)$，当 $n \geqslant 2$ 时，就称**高阶导数**.

3.3.2 常用函数的高阶导数

1. 常值函数 $y=C$（C 为任意常数）

$y'=0$，逐次求导很显然有

$$y' = y'' = \cdots = y^{(n)} = 0.$$

2. 幂函数 $y = x^{\mu} (\mu \in N^{*})$

$y' = \mu x^{\mu-1}, y'' = \mu(\mu-1)x^{\mu-2}, y''' = \mu(\mu-1)(\mu-2)x^{\mu-3}, \cdots$，逐次求导不难得到

$$y^{(n)} = \begin{cases} \dfrac{\mu!}{(\mu-n)!}x^{\mu-n}, & (1 \leqslant n < \mu); \\ \mu!, & (n = \mu); \\ 0, & (n > \mu). \end{cases}$$

3. 幂函数 $y = \dfrac{1}{x}$

$y' = -\dfrac{1}{x^2}, y'' = \dfrac{2}{x^3}, y''' = -\dfrac{6}{x^4}, \cdots$，逐次求导得

$$y^{(n)} = (-1)^n \frac{n!}{x^{n+1}}.$$

4. 指数函数 $y = a^x (a > 0$ 且 $a \neq 1)$

$y' = a^x \ln a, y'' = a^x (\ln a)^2, y''' = a^x (\ln a)^3, \cdots$，逐次求导得

$$y^{(n)} = a^x (\ln a)^n.$$

特别地，当 $a = e$ 时，$y' = y'' = \cdots = y^{(n)} = e^x$.

5. 对数函数 $y = \log_a x (a > 0$ 且 $a \neq 1)$

$y' = \dfrac{1}{x \ln a}, y'' = -\dfrac{1}{x^2 \ln a}, y''' = \dfrac{2}{x^3 \ln a}, y^{(4)} = -\dfrac{6}{x^4 \ln a}, \cdots$，逐次求导得

$$y^{(n)} = (-1)^{n-1} \frac{(n-1)!}{x^n} \frac{1}{\ln a}.$$

特别地，当 $a = e$ 时，$y^{(n)} = (-1)^{n-1} \dfrac{(n-1)!}{x^n}$.

6. 正弦函数 $y = \sin x$

由于 $y' = \cos x, y'' = -\sin x, y''' = -\cos x, y^{(4)} = \sin x, \cdots$，可以归纳为

$$y^{(n)} = \sin\left(x + n \cdot \frac{\pi}{2}\right).$$

7. 余弦函数 $y = \cos x$

由于 $y' = -\sin x, y'' = -\cos x, y''' = \sin x, y^{(4)} = \cos x, \cdots$，可以归纳为

$$y^{(n)} = \cos\left(x + n \cdot \frac{\pi}{2}\right).$$

*8. 参数式函数的二阶导数

设 $x = \varphi(t), y = \psi(t)$ 均可二阶求导，且 $\varphi'(t) \neq 0$，则由参数式方程
$\begin{cases} x = \varphi(t), \\ y = \psi(t) \end{cases}$ 所确定的参数式函数 $y = y(x)$ 二阶可导，且

$$\frac{\mathrm{d}^2 y}{\mathrm{d}x^2} = y''(x) = \frac{\psi''(t)\varphi'(t) - \psi'(t)\varphi''(t)}{(\varphi'(t))^3}.$$

证　在参数式函数的导数 $\dfrac{\mathrm{d}y}{\mathrm{d}x} = \dfrac{\psi'(t)}{\varphi'(t)}$ 基础上再对 x 求导，应用链锁法则和反函数求导法则，得

$$\frac{\mathrm{d}^2 y}{\mathrm{d}x^2} = \frac{\mathrm{d}}{\mathrm{d}x}\left(\frac{\psi'(t)}{\varphi'(t)}\right) = \frac{\mathrm{d}}{\mathrm{d}t}\left(\frac{\psi'(t)}{\varphi'(t)}\right)\frac{\mathrm{d}t}{\mathrm{d}x}$$

$$= \frac{\psi''(t)\varphi'(t) - \psi'(t)\varphi''(t)}{(\varphi'(t))^2} \cdot \frac{1}{\varphi'(t)}$$

$$= \frac{\psi''(t)\varphi'(t) - \psi'(t)\varphi''(t)}{(\varphi'(t))^3}. \qquad\qquad \square$$

例 3.3.1　设

$$f(x) = \begin{cases} \mathrm{e}^x - 1, & x > 0; \\ 0, & x = 0; \\ \dfrac{1}{2}x^2 + x, & x < 0. \end{cases}$$

求 $f''(x)$.

解　根据例 3.1.3,

$$f'(x) = \begin{cases} e^x, & x > 0; \\ 1, & x = 0; \\ x+1, & x < 0. \end{cases}$$

为了求 $f''(x)$ 仍需先求分段点 $x=0$ 处的二阶导数 $f''(0)$.

$$f''_+(0) = \lim_{\Delta x \to 0^+} \frac{f'(0+\Delta x) - f'(0)}{\Delta x} = \lim_{\Delta x \to 0^+} \frac{e^{\Delta x} - 1}{\Delta x} = 1,$$

$$f''_-(0) = \lim_{\Delta x \to 0^-} \frac{f'(0+\Delta x) - f'(0)}{\Delta x} = \lim_{\Delta x \to 0^-} \frac{\Delta x + 1 - 1}{\Delta x} = 1,$$

于是 $f''(0)=1$.

当 $x>0$ 或 $x<0$ 时,又可利用求导公式直接求得

$$f''(x) = \begin{cases} e^x, & x > 0; \\ 1, & x < 0, \end{cases}$$

所以 $f''(x) = \begin{cases} e^x, & x > 0; \\ 1, & x \leqslant 0. \end{cases}$　　　　　　□

例 3.3.2　求 $y = \ln(4 - x^2)$ 的 n 阶导数.

解　因为 $4 - x^2 > 0$,所以 $-2 < x < 2$,

$$y = \ln(4 - x^2) = \ln(2 - x) + \ln(2 + x),$$

于是

$$y' = \frac{1}{x-2} + \frac{1}{x+2},$$

$$y^{(n)} = \left(\frac{1}{x-2}\right)^{(n-1)} + \left(\frac{1}{x+2}\right)^{(n-1)}$$

$$= (-1)^{n-1} \frac{(n-1)!}{(x-2)^n} + (-1)^{n-1} \frac{(n-1)!}{(x+2)^n}$$

$$=(-1)^{n-1}(n-1)!\left(\frac{1}{(x-2)^n}+\frac{1}{(x+2)^n}\right).\qquad\square$$

例 3.3.3 求由方程 $x^2y+\sin y=0$ 所确定的隐函数 $y=y(x)$ 的二阶导数.

解 在原方程中将 y 视为关于 x 的函数 $y(x)$，两边同时求导，得

$$2xy(x)+x^2y'(x)+\cos(y(x))y'(x)=0,\qquad(3.3.1)$$

解方程，得

$$y'(x)=-\frac{2xy}{x^2+\cos y},\qquad(3.3.2)$$

在(3.3.1)式两边同时对 x 求导，得

$$2y(x)+2xy'(x)+2xy'(x)+x^2y''(x)$$
$$-\sin(y(x))(y'(x))^2+\cos(y(x))y''(x)=0,$$

得

$$y''(x)=-\frac{2y(x)+4xy'(x)-\sin(y(x))(y'(x))^2}{x^2+\cos(y(x))},\qquad(3.3.3)$$

将(3.3.2)式代入(3.3.3)式，得

$$y''(x)=-\frac{2y(x^2+\cos y)^2-8x^2y(x^2+\cos y)-4x^2y^2\sin y}{(x^2+\cos y)^3}.\qquad\square$$

例 3.3.4 设函数 $u(x),v(x)$ 均在区间 X 上 n 阶可导，证明：它们的乘积函数 $u(x)v(x)$ 在区间 X 上 n 阶可导，且

$$(u(x)v(x))^{(n)}=\sum_{k=0}^{n}C_n^k u(x)^{(n-k)}v(x)^{(k)},$$

其中 $u(x)^{(0)}=u(x),v(x)^{(0)}=v(x)$.

* 证 应用数学归纳法，因为

$$(u(x)v(x))' = u'(x)v(x) + u(x)v'(x),$$

故结论对 $n=1$ 成立,假设结论对任意 $n-1$ 的情况成立,即

$$(u(x)v(x))^{(n-1)} = \sum_{k=0}^{n-1} C_{n-1}^k u(x)^{(n-1-k)} v(x)^{(k)}, \qquad (3.3.4)$$

(3.3.4)式两边再对 x 求一次导,得

$$\begin{aligned}
(u(x)v(x))^{(n)} &= \sum_{k=0}^{n-1} C_{n-1}^k (u(x)^{(n-k)} v(x)^{(k)} + u(x)^{(n-1-k)} v(x)^{(k+1)}) \\
&= \sum_{k=0}^{n-1} C_{n-1}^k u(x)^{(n\ k)} v(x)^{(k)} + \sum_{k=0}^{n-1} C_{n-1}^h u(x)^{(n-1-k)} v(x)^{(k+1)} \\
&= u(x)^{(n)} v(x) + \sum_{k=1}^{n-1} C_{n-1}^k u(x)^{(n-k)} v(x)^{(k)} \\
&\quad + \sum_{k=0}^{n-2} C_{n-1}^k u(x)^{(n-1-k)} v(x)^{(k+1)} + u(x)v(x)^{(n)} \\
&= u(x)^{(n)} v(x) + \sum_{k=1}^{n-1} C_{n-1}^k u(x)^{(n-k)} v(x)^{(k)} \\
&\quad + \sum_{k=1}^{n-1} C_{n-1}^{k-1} u(x)^{(n-k)} v(x)^{(k)} + u(x)v(x)^{(n)},
\end{aligned}$$

因为 $C_{n-1}^{k-1} + C_{n-1}^k = C_n^k$,所以

$$\begin{aligned}
(u(x)v(x))^{(n)} &= u(x)^{(n)} v(x) + \sum_{k=1}^{n-1} C_n^k u(x)^{(n-k)} v(x)^{(k)} + u(x)v(x)^{(n)} \\
&= \sum_{k=0}^n C_n^k u(x)^{(n-k)} v(x)^{(k)}.
\end{aligned}$$

据数学归纳法知公式成立. □

注　此公式称为**莱布尼茨公式**.

例 3.3.5　设 $y = x^3 \sin x$,求 $y^{(1\,000)}$.

解　由莱布尼茨公式,设 $u(x) = x^3$,$v(x) = \sin x$,易得

$$u'(x) = 3x^2, u''(x) = 6x, u'''(x) = 6, u^{(4)}(x) = \cdots = u^{(n)}(x) = 0 \ (n \geqslant 4),$$

$$v^{(n)}(x)=\sin\left(x+n\cdot\frac{\pi}{2}\right),$$

$$
\begin{aligned}
y^{(1\,000)} &= \sum_{k=0}^{1\,000}\mathrm{C}_{1\,000}^{k}u(x)^{(1\,000-k)}v(x)^{(k)}\\
&= \mathrm{C}_{1\,000}^{997}u'''(x)v^{(997)}(x)+\mathrm{C}_{1\,000}^{998}u''(x)v^{(998)}(x)\\
&\quad +\mathrm{C}_{1\,000}^{999}u'(x)v^{(999)}(x)+\mathrm{C}_{1\,000}^{1\,000}u(x)v^{(1\,000)}(x)\\
&= \mathrm{C}_{1\,000}^{3}6v'(x)+\mathrm{C}_{1\,000}^{2}6xv''(x)+\mathrm{C}_{1\,000}^{1}3x^2v'''(x)+\mathrm{C}_{1\,000}^{0}x^3v^{(4)}(x)\\
&= \mathrm{C}_{1\,000}^{3}6\cos x+\mathrm{C}_{1\,000}^{2}6x(-\sin x)+\mathrm{C}_{1\,000}^{1}3x^2(-\cos x)+\mathrm{C}_{1\,000}^{0}x^3\sin x\\
&= 997\,002\,000\cos x-2\,997\,000x\sin x-3\,000x^2\cos x+x^3\sin x.\qquad\square
\end{aligned}
$$

习　题　3.3

A 组

1. 求下列函数的高阶导数：

(1) $y=x^5+4x^3-2x^2+1$，求 y''，$y''(0)$；

(2) $y=\dfrac{x^2}{\sqrt{1+x}}$，求 $y''(0)$；

(3) $y=\sin x^3$，求 y''；

(4) $y=2^x\ln x$，求 y'''；

(5) $y=\dfrac{\mathrm{e}^x}{x}$，求 y'''；

(6) $y=(2x^2+3)\cos x$，求 $y^{(1\,000)}$；

(7) $y=\dfrac{1}{x^2-3x+2}$，求 $y^{(n)}$.

2. 求下列方程确定的隐函数的二阶导数：

(1) $\mathrm{e}^y-xy=0$；　　　　　　　(2) $\sin x-\ln(x+y)=0$.

3. 求下列参数式函数的二阶导数:

$$(1) \begin{cases} x = 1 - \cos t; \\ y = t - \sin t; \end{cases} \qquad (2) \begin{cases} x = \sqrt{1 + 2t}; \\ y = \sqrt{3t - 1}. \end{cases}$$

4. f 可二阶求导,求下列函数的二阶导数:

(1) $y = f(\ln x)$;   (2) $y = f(x^2)$;

(3) $y = f\left(\dfrac{1}{x}\right)$;   (4) $y = f(e^{-x})$.

B 组

1. 证明:函数 $f(x) = \begin{cases} e^{-\frac{1}{x^2}}, & x \neq 0; \\ 0, & x = 0 \end{cases}$ 在 $x = 0$ 处任意阶可导且 $f^{(n)}(0) = 0$.

3.4 微分

3.4.1 背景问题

在实际问题中我们经常要计算当自变量产生改变时,函数值产生了多少改变. 下面我们举一个简单的例子来说明一下.

一个质地均匀的正方体铁块边长为 8 cm,因为受热,边长均匀膨胀了 Δx cm,那么体积在此过程中改变了

$$\begin{aligned} \Delta V &= (8 + \Delta x)^3 - 8^3 \\ &= C_3^1 8^2 \cdot \Delta x + C_3^2 8 (\Delta x)^2 + C_3^3 (\Delta x)^3 \\ &= 192 \Delta x + 24 (\Delta x)^2 + (\Delta x)^3, \end{aligned}$$

ΔV 一共有三项构成,其中第一项 $192 \Delta x$ 是 Δx 的线性函数,后两项是关于 Δx 的高阶无穷小量,当 Δx 很微小时,后两项在实际计算中就可忽略不计,只计算前面的线性部分.

3.4.2　微分的定义

定义 3.4.1　（微分）若函数 $y=f(x)$ 的改变量

$$\Delta y = f(x+\Delta x) - f(x)$$

可表示为

$$\Delta y = A(x)\Delta x + o(\Delta x).$$

其中 $A(x)$ 只是关于 x 的函数，$A(x)\Delta x$ 称为线性部分，$o(\Delta x)$ 是 $\Delta x \to 0$ 时的关于 Δx 的高阶无穷小量，则称 $f(x)$ 在点 x 处**可微**，称 $A(x)\Delta x$ 为 $f(x)$ 在点 x 的**微分**，记为

$$\mathrm{d}y = A(x)\Delta x.$$

微分和我们之前学过的内容有什么内在的关联呢？下面我们给出定理：

定理 3.4.1　一元函数 $y=f(x)$ 在 x 点可微的充要条件是 $f(x)$ 在 x 点可导，且

$$\mathrm{d}y = f'(x)\mathrm{d}x.$$

证　（充分性）若 $f(x)$ 在 x 点可导，则

$$f'(x) = \lim_{\Delta x \to 0} \frac{\Delta y}{\Delta x},$$

于是 $\dfrac{\Delta y}{\Delta x} = f'(x) + o(\Delta x)$，即

$$\Delta y = f'(x)\Delta x + o(\Delta x)\Delta x,$$

其中 $o(\Delta x)\Delta x$ 仍为 $\Delta x \to 0$ 时关于 Δx 的高阶无穷小量，因此 $f(x)$ 在 x 点可微.

（必要性）若 $f(x)$ 在 x 点可微，则 $\Delta y = A(x)\Delta x + o(\Delta x)$，于是

$$\lim_{\Delta x \to 0} \frac{\Delta y}{\Delta x} = \lim_{\Delta x \to 0} \frac{A(x)\Delta x + o(\Delta x)}{\Delta x} = A(x) + \lim_{\Delta x \to 0} \frac{o(\Delta x)}{\Delta x} = A(x),$$

即 $f'(x)=A(x)$. 于是 $f(x)$ 在 x 点可导,且

$$A(x) = f'(x), dy = df(x) = f'(x)\Delta x. \qquad \square$$

特别地,对函数 $y=x$ 运用上述结果,

$$dx = x'\Delta x = \Delta x,$$

因此以后记

$$dy = f'(x)dx. \qquad (3.4.1)$$

注　(3.4.1)式可化为 $f'(x)=\dfrac{dy}{dx}$,这个公式反映了导数与微分之间的深刻联系,因此导数也被称为**微分的商**,简称微商.

例 3.4.1　$y=\sqrt{1+x}$,求 dy.

解　$dy = (\sqrt{1+x})'dx = \dfrac{1}{2}\dfrac{1}{\sqrt{1+x}}dx.$ $\quad\square$

例 3.4.2　$y=x^2\arctan x$,求 dy.

解　$dy = (x^2\arctan x)'dx = \left(2x\arctan x + \dfrac{x^2}{1+x^2}\right)dx.$ $\quad\square$

3.4.3　微分的运算法则

定理 3.4.2　(微分的四则运算法则)设函数 $u(x),v(x)$ 均在 x 点可微,则

(1) $d(u(x)\pm v(x))=du(x)\pm dv(x)$;

(2) $d(u(x)v(x))=d(u(x))v(x)+u(x)d(v(x))$;

(3) $d\left(\dfrac{u(x)}{v(x)}\right)=\dfrac{d(u(x))v(x)-u(x)d(v(x))}{v^2(x)}$ $(v(x)\neq 0).$

此定理的证明很容易从导数的四则运算法则推得,下面我们只证明(3):

证　$d\left(\dfrac{u(x)}{v(x)}\right) = \left(\dfrac{u(x)}{v(x)}\right)'dx = \left(\dfrac{u'(x)v(x)-u(x)v'(x)}{v^2(x)}\right)dx =$

$$\frac{\mathrm{d}(u(x))v(x)-u(x)\mathrm{d}(v(x))}{v^2(x)}.$$ □

定理 3.4.3　（一阶微分形式不变性）若 $y=f(u),u=g(x)$ 可复合，则函数 $f(g(x))$ 的微分为

$$\mathrm{d}(f(g(x))) = f'(u)g'(x)\mathrm{d}x,\tag{3.4.2}$$

由于 $\mathrm{d}u=g'(x)\mathrm{d}x$，所以(3.4.2)式有等价形式

$$\mathrm{d}(f(u)) = f'(u)\mathrm{d}u,$$

这与以 u 为自变量的函数 $y=f(u)$ 的微分一模一样，也就是说无论 u 是自变量还是中间变量，$y=f(u)$ 的微分都是一样的，这一性质被称为**一阶微分形式不变性**.

注　此性质是一阶微分的重要性质，有了这条性质，对于函数 $y=f(u)$ 我们可以很放心地写出它的微分 $f'(u)\mathrm{d}u$，无所谓这里的 u 是自变量还是中间变量.

例 3.4.3　$y=\ln(\sqrt{x^2+a^2})$，求 $\mathrm{d}y$.

解　设 $u=\sqrt{x^2+a^2}$，运用一阶微分形式不变性，得

$$\mathrm{d}y = (\ln u)'\mathrm{d}u = \frac{1}{u}\mathrm{d}u = \frac{1}{\sqrt{x^2+a^2}}(\sqrt{x^2+a^2})'\mathrm{d}x$$

$$= \frac{1}{\sqrt{x^2+a^2}}\frac{1}{2}\frac{2x}{\sqrt{x^2+a^2}}\mathrm{d}x$$

$$= \frac{x}{x^2+a^2}\mathrm{d}x.$$ □

3.4.4　微分的几何意义

如图 3.2 所示，平面曲线 $y=f(x)$ 在 A 点 $(x,f(x))$ 有切线 AC. 当自变量变为 $x+\Delta x$ 时，函数值为 $f(x+\Delta x)$，即形成图像上的 B 点，线段 AD 的长度为 $\Delta x,BD$ 的长度为 Δy. 运用导数的几何意义，得

$$dy = f'(x)dx = f'(x)\Delta x$$

$$= \tan\theta \cdot \Delta x = |DE|,$$

即线段 DE 的长度 $|DE|$ 为 $f(x)$ 在 x 点的微分,也就是说微分就是用切线形成的改变量近似代替整个函数曲线的改变量,简称"以直代曲".

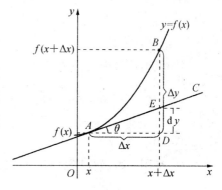

3.4.5 微分在近似计算上的应用

若 $f(x)$ 在 x_0 点可微,则

图 3.2

$$\Delta y = f(x_0 + \Delta x) - f(x_0) = f'(x_0)\Delta x + o(\Delta x),$$

用 $f'(x_0)\Delta x$ 近似代替 Δy,于是

$$f(x_0 + \Delta x) \approx f(x_0) + f'(x_0)\Delta x.$$

微分带来的近似计算应用广泛,便于操作.

例 3.4.4 计算 $\tan 47°$ 的近似值.

解 设 $y = \tan x$,则 $x_0 = 45° = \dfrac{\pi}{4}$,$\Delta x = 2° = \dfrac{\pi}{90}$,于是

$$\tan 47° \approx \tan 45° + (\tan x)'\Big|_{x=\frac{\pi}{4}} \cdot \frac{\pi}{90}$$

$$= 1 + \sec^2 x\Big|_{x=\frac{\pi}{4}} \cdot \frac{\pi}{90}$$

$$= 1 + 2 \cdot \frac{\pi}{90} \approx 1.070.$$

习 题 3.4

1. 求下列函数的微分:

(1) $y = \dfrac{x}{1-x}$; \qquad\qquad (2) $y = e^x \sin x$;

(3) $y=\dfrac{\ln x}{x^3}$；

(4) $y=\dfrac{x^2}{\sqrt{x^2+a^2}}$.

2. 填出括号中的函数：

(1) $\mathrm{d}(\qquad)=\cos x\mathrm{d}x$；

(2) $\mathrm{d}(\qquad)=\dfrac{1}{x^2}\mathrm{d}x$；

(3) $\mathrm{d}(\qquad)=\sqrt{x}\mathrm{d}x$；

(4) $\mathrm{d}(\qquad)=\csc^2 2x\mathrm{d}x$.

3. 利用一阶微分形式不变性求以下微分：

(1) $\mathrm{d}(\cos(\sqrt{x^2+4}))$；

(2) $\mathrm{d}(2^{\tan^2\frac{1}{x}})$.

4. 求以下微分之比：

(1) $\dfrac{\mathrm{d}(x^4-2x^3+x^2)}{\mathrm{d}(x^3)}$；

(2) $\dfrac{\mathrm{d}(\mathrm{e}^x+\ln(2x))}{\mathrm{d}(\sqrt{x})}$.

5. 证明当 x 很小时，以下近似公式成立：

(1) $\ln(1+x)\approx x$；

(2) $\mathrm{e}^x\approx 1+x$.

6. 利用微分求以下各式的近似值：

(1) $\sin 33°$；　　(2) $(1.05)^3$；　　(3) $\sqrt[3]{28}$.

3.5　微分中值定理

为了应用导数研究函数以及曲线的某些性态，并利用这些知识解决一些实际问题，我们先介绍微分学的几个中值定理，它们是导数应用的理论基础.

3.5.1　罗尔定理

先介绍一个辅助命题.

定理 3.5.1　（费马[①]引理）设函数 $f(x)$ 在 x_0 的某邻域 $U(x_0,\delta)$ 内有定义，且在 x_0 处可导，若对 $\forall x\in U(x_0,\delta)$，有

---

① 费马（Fermat P de,1601—1665），法国数学家.

$$f(x) \leqslant f(x_0) \ (或 \ f(x) \geqslant f(x_0)),$$

则

$$f'(x_0) = 0.$$

证 考虑 $f(x) \leqslant f(x_0)$ 的情形(若 $f(x) \geqslant f(x_0)$,可以类似证明). 设 x 在 x_0 有增量 Δx,且 $x_0 + \Delta x \in U(x_0, \delta)$,则

$$\Delta y = f(x_0 + \Delta x) - f(x_0) \leqslant 0.$$

从而当 $\Delta x > 0$ 时,$\dfrac{\Delta y}{\Delta x} \leqslant 0$;当 $\Delta x < 0$ 时,$\dfrac{\Delta y}{\Delta x} \geqslant 0$. 由函数 $f(x)$ 在 x_0 可导的条件及极限的保号性,得

$$f'(x_0) = f'_+(x_0) = \lim_{\Delta x \to 0^+} \frac{\Delta y}{\Delta x} \leqslant 0,$$

$$f'(x_0) = f'_-(x_0) = \lim_{\Delta x \to 0^-} \frac{\Delta y}{\Delta x} \geqslant 0,$$

于是,$f'(x_0) = 0$. □

定理 3.5.2 (罗尔[①]定理)如果函数 $f(x)$ 满足

(1) 在闭区间 $[a,b]$ 上连续;

(2) 在开区间 (a,b) 内可导;

(3) $f(a) = f(b)$,

那么在 (a,b) 内至少存在一点 ξ,使得 $f'(\xi) = 0$.

证 由于 $f(x)$ 在闭区间 $[a,b]$ 上连续,所以在 $[a,b]$ 上函数 $f(x)$ 存在最大值 M 及最小值 m,分以下两种情况讨论:

(1) $M = m$,这时 $f(x)$ 在 $[a,b]$ 上为常数 M,故 $\forall x \in (a,b)$,有 $f'(x) = 0$. 因此,(a,b) 内的每一点都可以取作 ξ.

(2) $M > m$,因为 $f(a) = f(b)$,故 M 与 m 中至少有一个不等于 $f(a)$. 不

---

① 罗尔(Rolle M,1652—1719),法国数学家.

妨设 $M \neq f(a)$，那么在 (a, b) 内存在一点 ξ，使得 $f(\xi) = M$．因此，$\forall x \in [a, b]$，有 $f(x) \leqslant f(\xi)$，又 $f(x)$ 在点 ξ 可导，由费马引理知，$f'(\xi) = 0$．　　□

　　罗尔定理的几何意义如图 3.3 所示．若连续光滑曲线 $y = f(x)$ 在端点 a, b 处纵坐标相等，则曲线弧上除端点外至少有一点的切线平行于 x 轴，即弧上至少有一条水平切线.

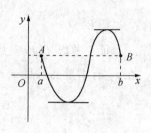

图 3.3

　　注　罗尔定理的三个条件缺一不可．例如：

　　函数 $f(x) = |x|$ 在区间 $[-1, 1]$ 上满足罗尔定理的条件（1）和（3），不满足条件（2），显然没有罗尔定理的结果.

　　函数 $f(x) = x$ 在区间 $[-1, 1]$ 上满足罗尔定理的条件（1）和（2），不满足条件（3），显然没有罗尔定理的结果.

　　函数 $f(x) = \begin{cases} x, & 0 < x \leqslant 1; \\ 1, & x = 0 \end{cases}$ 在区间 $[0, 1]$ 上满足罗尔定理的条件（2）和（3），不满足条件（1），也没有罗尔定理的结果.

　　例 3.5.1　已知 $f(x) = (x+1)(x-1)(x-3)$，不求导数，判断 $f'(x) = 0$ 有几个实根，并确定其所在范围.

　　解　由于 $f(-1) = f(1) = f(3) = 0$，所以 $f(x)$ 在 $[-1, 1]$ 及 $[1, 3]$ 上分别满足罗尔定理的条件.

　　因此，$\exists \xi_1 \in (-1, 1)$，使得 $f'(\xi_1) = 0$；$\exists \xi_2 \in (1, 3)$，使得 $f'(\xi_2) = 0$．即 ξ_1, ξ_2 为 $f'(x) = 0$ 的两个实根，从而 $f'(x) = 0$ 至少有两个实根．又因为 $f'(x)$ 为二次多项式，故 $f'(x) = 0$ 至多有两个实根．因此，$f'(x) = 0$ 恰有两个实根，分别在区间 $(-1, 1)$ 及 $(1, 3)$ 内．　　□

　　例 3.5.2　设函数 $f(x)$ 在 $[0, 1]$ 上连续，在 $(0, 1)$ 内可导，且 $f(1) = 0$，求证：在 $(0, 1)$ 内至少存在一点 ξ，使得

$$f'(\xi) = -\frac{f(\xi)}{\xi}.$$

证　令 $F(x)=xf(x)$，则 $F(x)$ 在 $[0,1]$ 上连续，在 $(0,1)$ 内可导，且 $F(0)=F(1)=0$. 由罗尔定理，$\exists \xi \in (0,1)$，使得 $F'(\xi)=0$，即

$$F'(\xi)=f(\xi)+\xi f'(\xi)=0.$$

整理即得

$$f'(\xi)=-\frac{f(\xi)}{\xi}.\qquad\qquad\qquad\square$$

3.5.2　拉格朗日中值定理

罗尔定理中 $f(a)=f(b)$ 这个条件如果不满足，但保留其余两个条件，便得到微分学中十分重要的拉格朗日中值定理.

定理 3.5.3　(拉格朗日[①]中值定理)如果函数 $f(x)$ 满足

(1) 在闭区间 $[a,b]$ 上连续；

(2) 在开区间 (a,b) 内可导，

那么在 (a,b) 内至少存在一点 ξ，使得 $f'(\xi)=\dfrac{f(b)-f(a)}{b-a}$.

在证明之前，先看一下拉格朗日中值定理的几何意义. 由图 3.4 可以看出，$\dfrac{f(b)-f(a)}{b-a}$ 表示弦 AB 的斜率，所以拉格朗日中值定理就是在曲线上至少有一点 C $(\xi,f(\xi))$ 处的切线平行于弦 AB.

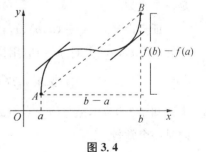

图 3.4

从图 3.3 看到，罗尔定理中，由于 $f(a)=f(b)$，弦 AB 是平行于 x 轴的，所以，点 $(\xi,f(\xi))$ 处的切线也平行于弦 AB. 由此可见，罗尔定理是拉格朗日中值定理的特殊情况.

证　构造辅助函数

---

① 拉格朗日(Lagrange J L,1736—1813)，法国数学家.

$$\varphi(x) = f(x) - f(a) - \frac{f(b) - f(a)}{b-a}(x-a),$$

则 $\varphi(x)$ 满足：(1) 在 $[a,b]$ 上连续；(2) 在 (a,b) 内可导；(3) $\varphi(a) = \varphi(b) = 0$. 由罗尔定理知，$\exists \xi \in (a,b)$，使 $\varphi'(\xi) = 0$，即

$$\varphi'(\xi) = f'(\xi) - \frac{f(b) - f(a)}{b-a} = 0,$$

移项即

$$f'(\xi) = \frac{f(b) - f(a)}{b-a}. \qquad \square$$

由于 $a \neq b$，所以定理的结论 $f'(\xi) = \frac{f(b) - f(a)}{b-a}$ 也可写成

$$f(b) - f(a) = f'(\xi)(b-a).$$

上式也称为**拉格朗日中值公式**.

推论 3.5.4 若函数 $f(x)$ 在区间 (a,b) 内导数恒为零，则 $f(x)$ 在 (a,b) 内是一个常数.

证 设 $\forall x_1, x_2 \in (a,b)$，$x_1 < x_2$，则 $f(x)$ 在 $[x_1, x_2]$ 上连续，在 (x_1, x_2) 内可导，在 $[x_1, x_2]$ 上对 $f(x)$ 应用拉格朗日中值定理得，$\exists \xi \in (x_1, x_2)$，使得

$$f(x_2) - f(x_1) = f'(\xi)(x_2 - x_1).$$

由题知 $f'(\xi) = 0$，故 $f(x_2) = f(x_1)$. 由 x_1, x_2 的任意性知，$f(x)$ 在区间 (a,b) 内是一个常数. $\qquad \square$

推论 3.5.5 若函数 $f(x)$，$g(x)$ 在区间 (a,b) 内均可导，且 $f'(x) = g'(x)$，则 $\forall x \in (a,b)$，$f(x) = g(x) + C$.

证 令 $\varphi(x) = f(x) - g(x)$，对 $\varphi(x)$ 应用推论 3.5.4 即得. $\qquad \square$

例 3.5.3 证明：当 $0 < a < b$ 时，有

$$1 - \frac{a}{b} < \ln \frac{b}{a} < \frac{b}{a} - 1.$$

证　设 $f(x) = \ln x$，则 $f(x)$ 在 $[a,b]$ 上连续，在 (a,b) 内可导，根据拉格朗日中值定理，$\exists\, \xi \in (a,b)$，有

$$\frac{1}{\xi} = f'(\xi) = \frac{f(b) - f(a)}{b - a} = \frac{\ln b - \ln a}{b - a},$$

即

$$\ln b - \ln a = \frac{1}{\xi}(b - a).$$

由于 $0 < a < \xi < b$，故 $\dfrac{1}{b} < \dfrac{1}{\xi} < \dfrac{1}{a}$，因此

$$\frac{b - a}{b} < \ln b - \ln a < \frac{b - a}{a},$$

即

$$1 - \frac{a}{b} < \ln \frac{b}{a} < \frac{b}{a} - 1. \qquad\qquad \square$$

例 3.5.4　证明等式 $\arcsin x + \arccos x = \dfrac{\pi}{2}$ $(-1 \leqslant x \leqslant 1)$.

证　令 $f(x) = \arcsin x + \arccos x$，则 $f(x)$ 在 $(-1,1)$ 内可导，且

$$f'(x) = \frac{1}{\sqrt{1 - x^2}} - \frac{1}{\sqrt{1 - x^2}} = 0,$$

则由推论 3.5.4，$\forall\, x \in (-1,1)$，

$$f(x) = \arcsin x + \arccos x = C.$$

取 $x = \dfrac{\sqrt{2}}{2}$，有 $f\!\left(\dfrac{\sqrt{2}}{2}\right) = \dfrac{\pi}{4} + \dfrac{\pi}{4} = \dfrac{\pi}{2}$，故 $C = \dfrac{\pi}{2}$. 又 $f(-1) = -\dfrac{\pi}{2} + \pi = \dfrac{\pi}{2}$，

$f(1) = \dfrac{\pi}{2} + 0 = \dfrac{\pi}{2}$，故 $\forall\, x \in [-1,1]$，

$$\arcsin x + \arccos x = \frac{\pi}{2}.$$ □

3.5.3 柯西中值定理

定理 3.5.6 （柯西[①]中值定理）如果函数 $f(x)$ 与 $g(x)$ 满足

(1) 在闭区间 $[a,b]$ 上连续；

(2) 在开区间 (a,b) 内可导；

(3) $\forall x \in (a,b), g'(x) \neq 0$，

那么在 (a,b) 内至少存在一点 ξ，使得 $\dfrac{f'(\xi)}{g'(\xi)} = \dfrac{f(b)-f(a)}{g(b)-g(a)}$.

证 若 $g(a)=g(b)$，对 $g(x)$ 在 $[a,b]$ 上应用罗尔定理知，$\exists c \in (a,b)$，使 $g'(c)=0$，与条件 (3) 矛盾，故 $g(a) \neq g(b)$. 令

$$F(x) = f(x) - f(a) - \frac{f(b)-f(a)}{g(b)-g(a)}(g(x)-g(a)),$$

则 $F(x)$ 在 $[a,b]$ 上满足罗尔定理的条件，故 $\exists \xi \in (a,b)$，使 $F'(\xi)=0$. 又

$$F'(x) = f'(x) - \frac{f(b)-f(a)}{g(b)-g(a)}g'(x),$$

故 $F'(\xi)=0$，即 $\dfrac{f'(\xi)}{g'(\xi)} = \dfrac{f(b)-f(a)}{g(b)-g(a)}$. □

罗尔定理、拉格朗日中值定理、柯西中值定理统称为微分中值定理，是微积分学的理论基础，在许多方面都有重要作用. 这三个定理都是仅给出了 ξ 的存在性，指出了 ξ 的一个大概范围：$\xi \in (a,b)$，并没有给出 ξ 的具体位置.

*3.5.4 泰勒公式

对于一些复杂的函数，总是希望能用较为简单的函数来近似表示. 多项式函数是比较简单的函数，它只包含加、减、乘三种运算，因此我们经常用多项式

---

① 柯西(Cauchy A L,1789—1857)，法国数学家.

来近似表示函数.

在介绍微分的近似计算时,得到

$$f(x) \approx f(x_0) + f'(x_0)(x - x_0). \tag{3.5.1}$$

这是用 $x - x_0$ 的一次多项式把 $f(x)$ 近似地表示出来. 若记 $P_1(x) = f(x_0) + f'(x_0)(x - x_0)$,则 $P_1(x)$ 满足

$$P_1(x_0) = f(x_0), \ P_1'(x_0) = f'(x_0),$$

且 $f(x) - P_1(x) = o(x - x_0), (x \to x_0)$,即用一次多项式 $P_1(x)$ 近似代替 $f(x)$ 时,误差是较 $x - x_0$ 更高阶的无穷小.

这种近似表达式存在两点不足:其一,精确度不高,当 $|x - x_0|$ 不是很小时,(3.5.1)式算得的近似值误差较大;其二,无法具体估算出误差大小. 于是就想到利用关于 $(x - x_0)$ 的 n 次多项式

$$P_n(x) = a_0 + a_1(x - x_0) + a_2(x - x_0)^2 + \cdots + a_n(x - x_0)^n,$$

来近似表示 $f(x)$,且当 $x \to x_0$ 时,

$$f(x) - P_n(x) = o((x - x_0)^n).$$

设函数 $f(x)$ 在 $U(x_0, \delta)$ 内具有 $(n+1)$ 阶导数,且 $P_n(x)$ 在 x_0 处的函数值及它的直到 n 阶导数在 x_0 处的值依次与 $f(x_0), f'(x_0), \cdots, f^{(n)}(x_0)$ 相等,则有

$$\begin{cases} f(x_0) = P_n(x_0) = a_0; \\ f'(x_0) = P_n'(x_0) = a_1; \\ f''(x_0) = P_n''(x_0) = 2! a_2; \\ \quad \vdots \\ f^{(n)}(x_0) = P_n^{(n)}(x_0) = n! a_n; \end{cases} \Rightarrow \begin{cases} a_0 = f(x_0); \\ a_1 = f'(x_0); \\ a_2 = \dfrac{f''(x_0)}{2!}; \\ \quad \vdots \\ a_n = \dfrac{f^{(n)}(x_0)}{n!}. \end{cases}$$

将这些系数代入 $P_n(x)$,有

$$P_n(x) = f(x_0) + f'(x_0)(x - x_0) + \frac{f''(x_0)}{2!}(x - x_0)^2$$

$$+ \cdots + \frac{f^{(n)}(x_0)}{n!}(x - x_0)^n.$$

用 $P_n(x)$ 代替 $f(x)$，其误差设为

$$R_n(x) = f(x) - P_n(x),$$

则有以下定理.

定理 3.5.7 （泰勒①定理）设函数 $f(x)$ 在点 x_0 的邻域 $U(x_0,\delta)$ 内($n+$1)阶可导，则 $\forall x \in U(x_0,\delta)$，$\exists \xi \in (x_0,x)$（或$(x,x_0)$），使得

$$f(x) = f(x_0) + f'(x_0)(x - x_0) + \frac{f''(x_0)}{2!}(x - x_0)^2 + \cdots$$

$$+ \frac{f^{(n)}(x_0)}{n!}(x - x_0)^n + R_n(x), \tag{3.5.2}$$

这里

$$R_n(x) = \frac{f^{(n+1)}(\xi)}{(n+1)!}(x - x_0)^{n+1}. \tag{3.5.3}$$

泰勒定理可以利用柯西中值定理给出证明，有兴趣的读者可以参看其他有关书籍，此处从略.

我们称(3.5.2)式为函数 $f(x)$ 在点 x_0 的**具有拉格朗日余项的 n 阶泰勒公式**，称(3.5.3)式为**拉格朗日余项**.

当 $n=0$ 时，泰勒公式变成拉格朗日中值公式：

$$f(x) = f(x_0) + f'(\xi)(x - x_0), \xi \text{介于} x_0 \text{与} x \text{之间}.$$

因此，泰勒定理是拉格朗日中值定理的推广.

---

① 泰勒(Taylor B,1685—1731)，英国数学家.

在不需要余项的精确表达式时,泰勒公式可以写成

$$f(x) = f(x_0) + f'(x_0)(x - x_0) + \frac{f''(x_0)}{2!}(x - x_0)^2$$

$$+ \cdots + \frac{f^{(n)}(x_0)}{n!}(x - x_0)^n + o((x - x_0)^n), \qquad (3.5.4)$$

称(3.5.4)式为 $f(x)$ 在点 x_0 的**具有皮亚诺**[①]**余项的 n 阶泰勒公式**. 若将泰勒公式中的余项略去,可得 $f(x)$ 在点 x_0 的 n 次近似表达式

$$f(x) \approx f(x_0) + f'(x_0)(x - x_0) + \frac{f''(x_0)}{2!}(x - x_0)^2$$

$$+ \cdots + \frac{f^{(n)}(x_0)}{n!}(x - x_0)^n.$$

在泰勒公式中,若取 $x_0 = 0$,则

$$f(x) = f(0) + f'(0)x + \frac{f''(0)}{2!}x^2 + \cdots + \frac{f^{(n)}(0)}{n!}x^n + \frac{f^{(n+1)}(\xi)}{(n+1)!}x^{n+1},$$

$$(3.5.5)$$

ξ 介于 0 与 x 之间,或

$$f(x) = f(0) + f'(0)x + \frac{f''(0)}{2!}x^2 + \cdots + \frac{f^{(n)}(0)}{n!}x^n + o(x^n).$$

$$(3.5.6)$$

(3.5.5)式,(3.5.6)式分别称为具有拉格朗日余项和具有皮亚诺余项的**马克劳林**[②]**公式**. 若将马克劳林公式中的余项略去,可得 $f(x)$ 在点 $x = 0$ 的 n 次近似表达式

$$f(x) \approx f(0) + f'(0)x + \frac{f''(0)}{2!}x^2 + \cdots + \frac{f^{(n)}(0)}{n!}x^n.$$

---

①　皮亚诺(Peano G F,1661—1704),意大利数学家.

②　马克劳林(Maclaurin C,1698—1746),英国数学家.

下面我们给出一些常用函数的带皮亚诺余项的马克劳林公式.

(1) $f(x) = e^x$.

因为 $f^{(n)}(x) = e^x (n \in \mathbf{N}^*)$，所以 $f(0) = f^{(n)}(0) = 1$. 由 (3.5.6) 式得

$$e^x = 1 + x + \frac{x^2}{2!} + \cdots + \frac{x^n}{n!} + o(x^n) \quad (x \to 0).$$

(2) $f(x) = \sin x$.

$f(0) = 0$，由 $f^{(n)}(x) = \sin\left(x + \frac{n\pi}{2}\right) (n \in \mathbf{N}^*)$，得

$$f^{(n)}(0) = \sin\frac{n\pi}{2} = \begin{cases} 0, & n = 2m; \\ (-1)^{m-1}, & n = 2m-1, \end{cases} \quad (m \in \mathbf{N}^*)$$

由 (3.5.6) 式得

$$\sin x = x - \frac{x^3}{3!} + \frac{x^5}{5!} - \cdots + (-1)^{m-1}\frac{x^{2m-1}}{(2m-1)!} + o(x^{2m}) \quad (x \to 0).$$

(3) $f(x) = \cos x$.

类似 (2) 可得

$$\cos x = 1 - \frac{x^2}{2!} + \frac{x^4}{4!} - \cdots + (-1)^m\frac{x^{2m}}{(2m)!} + o(x^{2m+1}) \quad (x \to 0).$$

(4) $f(x) = \ln(1-x)$.

$f(0) = 0$，由 $f^{(n)}(x) = -\dfrac{(n-1)!}{(1-x)^n} (n \in \mathbf{N}^*)$，得 $f^{(n)}(0) = -(n-1)!$，由

(3.5.6) 式得

$$\ln(1-x) = -x - \frac{x^2}{2} - \frac{x^3}{3} - \cdots - \frac{x^n}{n} + o(x^n) \quad (x \to 0).$$

例 3.5.5 求函数 $f(x) = e^x \sin 2x$ 在 $x = 0$ 的 4 次近似表达式.

解 函数 e^x 的 3 次近似表达式为

$$e^x \approx 1 + x + \frac{x^2}{2!} + \frac{x^3}{3!}, \tag{3.5.7}$$

函数 $\sin 2x$ 的 3 次近似表达式为

$$\sin 2x \approx 2x - \frac{(2x)^3}{3!} = 2x - \frac{4}{3}x^3, \tag{3.5.8}$$

将(3.5.7)式与(3.5.8)式相乘得所求 4 次近似表达式为

$$e^x \sin 2x \approx 2x + 2x^2 - \frac{1}{3}x^3 - x^4. \qquad \square$$

例 3.5.6 求 $\lim\limits_{x \to 0} \dfrac{\cos x - e^{-\frac{x^2}{2}}}{x^4}$.

解 因为

$$\cos x = 1 - \frac{x^2}{2!} + \frac{x^4}{4!} + o(x^4),\ e^{-\frac{x^2}{2}} = 1 - \frac{x^2}{2} + \frac{x^4}{8} + o(x^4) \quad (x \to 0),$$

所以

$$\lim_{x \to 0} \frac{\cos x - e^{-\frac{x^2}{2}}}{x^4} = \lim_{x \to 0} \frac{1 - \dfrac{x^2}{2!} + \dfrac{x^4}{4!} + o(x^4) - \left(1 - \dfrac{x^2}{2} + \dfrac{x^4}{8} + o(x^4)\right)}{x^4}$$

$$= \lim_{x \to 0} \frac{-\dfrac{1}{12}x^4 + o(x^4)}{x^4} = -\frac{1}{12}. \qquad \square$$

习 题 3.5

A 组

1. 验证罗尔定理对函数 $y = \ln(1 + \sin x)$ 在区间 $[0, \pi]$ 上的正确性,并求出定理中的 ξ.

2. 验证拉格朗日中值定理对函数 $y=4x^3-5x^2+x-2$ 在区间$[0,1]$上的正确性,并求出定理中的 ξ.

3. 验证柯西中值定理对函数 $f(x)=x^3,g(x)=x^2+1$ 在区间$[1,2]$上的正确性,并求出定理中的 ξ.

4. 设 $f(x)=x(x+1)(x+2)(x+3)$,利用罗尔定理求方程 $f'(x)=0$ 根的个数,并指出它们所在区间.

5. 设函数 $f(x)$ 在$[a,b]$上连续,在(a,b)内二阶可导,且 $f(a)=f(c)=f(b)$, $a<c<b$. 求证:至少存在一个 $\xi\in(a,b)$,使得 $f''(\xi)=0$.

6. 应用拉格朗日中值定理证明下列不等式:

(1) 当 $b>a>0,n>1$ 时,$nb^{n-1}(a-b)<a^n-b^n<na^{n-1}(a-b)$;

(2) 当 $x>0$ 时,$\dfrac{x}{1+x^2}<\arctan x<x$;

(3) 当 $0<x<1$ 时,$1+x<\mathrm{e}^x<1+\mathrm{e}x$;

(4) $|\arctan x-\arctan y|\leqslant|x-y|$.

7. 证明下列恒等式:

(1) $\arctan x+\operatorname{arccot}x=\dfrac{\pi}{2}$;

(2) 当 $x\geqslant1$ 时,$2\arctan x+\arcsin\dfrac{2x}{1+x^2}=\pi$.

8. 求 $f(x)=\dfrac{\mathrm{e}^x+\mathrm{e}^{-x}}{2}$ 的 $2n$ 阶带皮亚诺余项的马克劳林公式.

9. 利用马克劳林公式求极限:

(1) $\lim\limits_{x\to0}\dfrac{x-\sin x}{x^2(\mathrm{e}^x-1)}$;　　　　(2) $\lim\limits_{x\to0}\dfrac{1-x^2-\mathrm{e}^{-x^2}}{\sin^4 2x}$;

(3) $\lim\limits_{x\to0}\dfrac{\sin x-x\cos x}{x^3}$.

B 组

1. 设 $f(x)$ 在$[0,\pi]$上可导,试证:$\exists\xi\in(0,\pi)$,使得

$$f'(\xi)\sin\xi + f(\xi)\cos\xi = 0.$$

2. 设函数 $f(x)$ 在 $[a,b]$ 上连续，在 (a,b) 内二阶可导，且 $f(a)=f(b)=0$，又 $\exists c\in(a,b)$，使得 $f(c)>0$，求证：$\exists\xi\in(a,b)$，使得 $f''(\xi)<0$.

3. 设 $f(x)=e^x+\ln(1-x)-\sin x+ax+b$，若 $x\to0$ 时 $f(x)=o(x^3)$，求 a,b，并求 $f(x)$ 关于 x 的无穷小阶数.

3.6　洛必达法则

在求两个函数 $f(x)$ 与 $g(x)$ 商的极限时，经常会遇到 $f(x),g(x)$ 同时趋于零或同时趋于无穷大的情况，此时不能直接用商的极限运算法则. 通常把这种形式的极限叫做**不定式**，并分别简记为 $\dfrac{0}{0}$ 型和 $\dfrac{\infty}{\infty}$ 型. 例如，$\lim\limits_{x\to0}\dfrac{x-\tan x}{x^3}$ 是 $\dfrac{0}{0}$ 型的不定式，$\lim\limits_{x\to+\infty}\dfrac{e^x}{\ln x}$ 是 $\dfrac{\infty}{\infty}$ 型的不定式. 本节中我们利用柯西中值定理推导出求这类极限的简单有效的方法——洛必达[①]法则.

3.6.1　$\dfrac{0}{0}$ 型不定式

定理 3.6.1　设函数 $f(x)$ 与 $g(x)$ 满足：

(1) $\lim\limits_{x\to a}f(x)=0,\lim\limits_{x\to a}g(x)=0$；

(2) 在点 a 的某去心邻域内 $f(x),g(x)$ 都可导，且 $g'(x)\neq0$；

(3) $\lim\limits_{x\to a}\dfrac{f'(x)}{g'(x)}=K$（有限或 ∞），

则有

$$\lim_{x\to a}\frac{f(x)}{g(x)}=\lim_{x\to a}\frac{f'(x)}{g'(x)}=K.$$

---

① 洛必达(l'Hôpital G F,1661—1704)，法国数学家.

证　因为极限 $\lim\limits_{x\to a}\dfrac{f(x)}{g(x)}$ 与 $f(a),g(a)$ 无关，故定义 $f(a)=g(a)=0$，此时
$f(x)$ 与 $g(x)$ 在点 a 的某邻域连续. 对点 a 的右邻域内的任一 x，$f(x)$ 与 $g(x)$
在 $[a,x]$ 连续，在 (a,x) 内可导，且 $g'(x)\neq 0$，由柯西中值定理，

$$\frac{f(x)}{g(x)}=\frac{f(x)-f(a)}{g(x)-g(a)}=\frac{f'(\xi)}{g'(\xi)},a<\xi<x,$$

当 $x\to a^+$ 时，必有 $\xi\to a^+$，于是

$$\lim_{x\to a^+}\frac{f(x)}{g(x)}=\lim_{x\to a^+}\frac{f'(\xi)}{g'(\xi)}=\lim_{\xi\to a^+}\frac{f'(\xi)}{g'(\xi)}=\lim_{x\to a^+}\frac{f'(x)}{g'(x)},$$

对于点 a 左邻域内的任一 x，同样有

$$\lim_{x\to a^-}\frac{f(x)}{g(x)}=\lim_{x\to a^-}\frac{f'(x)}{g'(x)},$$

综合可得

$$\lim_{x\to a}\frac{f(x)}{g(x)}=\lim_{x\to a}\frac{f'(x)}{g'(x)}.\qquad\square$$

注　(1) 由证明过程可得，当 $x\to a^+$ 或 $x\to a^-$ 时，定理 3.6.1 仍成立.

(2) 如果 $\lim\limits_{x\to a}\dfrac{f'(x)}{g'(x)}$ 仍为 $\dfrac{0}{0}$ 型不定式，且 $f'(x),g'(x)$ 满足定理 3.6.1 中
的条件，则可继续使用洛必达法则，即

$$\lim_{x\to a}\frac{f(x)}{g(x)}=\lim_{x\to a}\frac{f'(x)}{g'(x)}=\lim_{x\to a}\frac{f''(x)}{g''(x)}.$$

(3) 如果 $\lim\limits_{x\to a}\dfrac{f'(x)}{g'(x)}$ 不存在，不能断言 $\lim\limits_{x\to a}\dfrac{f(x)}{g(x)}$ 也不存在，只能说不能用洛
必达法则求解. 例如，求极限

$$\lim_{x\to 0}\frac{x+x^2\sin\dfrac{1}{x}}{x},$$

显然,这是 $\dfrac{0}{0}$ 型不定式,若使用洛必达法则,得

$$\lim_{x \to 0} \frac{x + x^2 \sin \dfrac{1}{x}}{x} = \lim_{x \to 0} \left(1 + 2x\sin\frac{1}{x} - \cos\frac{1}{x}\right),$$

上述极限不存在,此时我们不能说原极限不存在,正确解法为

$$\lim_{x \to 0} \frac{x + x^2 \sin \dfrac{1}{x}}{x} = \lim_{x \to 0} \left(1 + x\sin\frac{1}{x}\right) = 1.$$

例 3.6.1 求 $\lim\limits_{x \to 0} \dfrac{\mathrm{e}^x - \mathrm{e}^{-x}}{\sin x}$.

解 这是 $\dfrac{0}{0}$ 型不定式,利用定理 3.6.1 有

$$原式 \overset{\frac{0}{0}}{=\!=} \lim_{x \to 0} \frac{\mathrm{e}^x + \mathrm{e}^{-x}}{\cos x} = 2. \qquad\qquad \square$$

例 3.6.2 求 $\lim\limits_{x \to 0} \dfrac{x - \tan x}{x^3}$.

解 这是 $\dfrac{0}{0}$ 型不定式,利用定理 3.6.1 有

$$原式 \overset{\frac{0}{0}}{=\!=} \lim_{x \to 0} \frac{1 - \sec^2 x}{3x^2} = \lim_{x \to 0} \frac{-\tan^2 x}{3x^2} = \lim_{x \to 0} \frac{-x^2}{3x^2} = -\frac{1}{3}. \qquad \square$$

由例 3.6.2 可见,在用洛必达法则求极限过程中,充分运用已有的求极限方法,如极限的运算法则、等价无穷小替换等,可使计算变简单.

推论 3.6.2 设函数 $f(x)$ 与 $g(x)$ 满足:

(1) $\lim\limits_{x \to \infty} f(x) = 0$, $\lim\limits_{x \to \infty} g(x) = 0$;

(2) 存在正数 M,当 $|x| > M$ 时,$f(x)$,$g(x)$ 都可导,且 $g'(x) \neq 0$;

(3) $\lim\limits_{x\to\infty}\dfrac{f'(x)}{g'(x)}=K$ (有限或∞),

则有

$$\lim_{x\to\infty}\frac{f(x)}{g(x)}=\lim_{x\to\infty}\frac{f'(x)}{g'(x)}=K.$$

证 令 $x=\dfrac{1}{t}$,则 $x\to\infty$时,$t\to0$,应用定理 3.6.1 可得

$$\lim_{x\to\infty}\frac{f(x)}{g(x)}=\lim_{t\to0}\frac{f\left(\dfrac{1}{t}\right)}{g\left(\dfrac{1}{t}\right)}=\lim_{t\to0}\frac{-\dfrac{1}{t^2}f'\left(\dfrac{1}{t}\right)}{-\dfrac{1}{t^2}g'\left(\dfrac{1}{t}\right)}=\lim_{x\to\infty}\frac{f'(x)}{g'(x)}. \qquad \square$$

例 3.6.3 求 $\lim\limits_{x\to+\infty}\dfrac{\dfrac{\pi}{2}-\arctan x}{\dfrac{1}{x}}$.

解 这是 $\dfrac{0}{0}$ 型不定式,利用推论 3.6.2 有

$$原式 \overset{\frac{0}{0}}{=} \lim_{x\to+\infty}\frac{-\dfrac{1}{1+x^2}}{-\dfrac{1}{x^2}}=\lim_{x\to+\infty}\frac{x^2}{1+x^2}=1. \qquad \square$$

例 3.6.4 求 $\lim\limits_{x\to+\infty}\dfrac{\ln\left(1+\dfrac{1}{x}\right)}{\operatorname{arccot} x}$.

解 这是 $\dfrac{0}{0}$ 型不定式,利用等价无穷小替换及推论 3.6.2 有

$$原式 = \lim_{x\to+\infty}\frac{\dfrac{1}{x}}{\operatorname{arccot} x} \overset{\frac{0}{0}}{=} \lim_{x\to+\infty}\frac{-\dfrac{1}{x^2}}{-\dfrac{1}{1+x^2}}=\lim_{x\to+\infty}\frac{1+x^2}{x^2}=1. \qquad \square$$

3.6.2　$\dfrac{\infty}{\infty}$ 型不定式

定理 3.6.1 及推论 3.6.2 讨论了 $\dfrac{0}{0}$ 型不定式的求极限问题,对于 $\dfrac{\infty}{\infty}$ 型不定式,我们有下述定理及推论(证明从略).

定理 3.6.3　设函数 $f(x)$ 与 $g(x)$ 满足:

(1) $\lim\limits_{x \to a} f(x) = \infty$, $\lim\limits_{x \to a} g(x) = \infty$;

(2) 在点 a 的某去心邻域内 $f(x)$, $g(x)$ 都可导,且 $g'(x) \neq 0$;

(3) $\lim\limits_{x \to a} \dfrac{f'(x)}{g'(x)} = K$（有限或 ∞）,

则有

$$\lim_{x \to a} \frac{f(x)}{g(x)} = \lim_{x \to a} \frac{f'(x)}{g'(x)} = K.$$

推论 3.6.4　设函数 $f(x)$ 与 $g(x)$ 满足:

(1) $\lim\limits_{x \to \infty} f(x) = \infty$, $\lim\limits_{x \to \infty} g(x) = \infty$;

(2) 存在正数 M,当 $|x| > M$ 时,$f(x)$, $g(x)$ 都可导,且 $g'(x) \neq 0$;

(3) $\lim\limits_{x \to \infty} \dfrac{f'(x)}{g'(x)} = K$（有限或 ∞）,

则有

$$\lim_{x \to \infty} \frac{f(x)}{g(x)} = \lim_{x \to \infty} \frac{f'(x)}{g'(x)} = K.$$

例 3.6.5　设 $\lambda > 0$,求 $\lim\limits_{x \to +\infty} \dfrac{\ln x}{x^\lambda}$.

解　这是 $\dfrac{\infty}{\infty}$ 型不定式,利用推论 3.6.4 有

$$原式 \stackrel{\frac{\infty}{\infty}}{=\!=} \lim_{x \to +\infty} \frac{\dfrac{1}{x}}{\lambda x^{\lambda-1}} = \lim_{x \to +\infty} \frac{1}{\lambda x^\lambda} = 0. \qquad \square$$

本例说明当 $x \to +\infty$ 时,正指数的幂函数趋于无穷的速度要比对数函数快得多.

例 3.6.6 设 $\lambda > 0$,求 $\lim\limits_{x \to +\infty} \dfrac{x^\lambda}{e^x}$.

解 因为 $\dfrac{x^\lambda}{e^x} = \left(\dfrac{x}{e^{\frac{x}{\lambda}}} \right)^\lambda$,而

$$\lim_{x \to +\infty} \frac{x}{e^{\frac{x}{\lambda}}} \xlongequal{\frac{\infty}{\infty}} \lim_{x \to +\infty} \frac{1}{\frac{1}{\lambda} e^{\frac{x}{\lambda}}} = 0,$$

所以

$$\lim_{x \to +\infty} \frac{x^\lambda}{e^x} = 0. \qquad \qquad \Box$$

本例说明当 $x \to +\infty$ 时,指数函数趋于无穷的速度要比正指数的幂函数快得多.

例 3.6.7 求 $\lim\limits_{x \to 0^+} \dfrac{\ln \sin mx}{\ln \sin x}$ $(m > 0)$.

解 这是 $\dfrac{\infty}{\infty}$ 型不定式,利用定理 3.6.3 有

$$原式 \xlongequal{\frac{\infty}{\infty}} \lim_{x \to 0^+} \frac{m \dfrac{\cos mx}{\sin mx}}{\dfrac{\cos x}{\sin x}} = m \lim_{x \to 0^+} \frac{\cos mx}{\cos x} \frac{\sin x}{\sin mx} = 1. \qquad \Box$$

定理 3.6.1 和定理 3.6.3 及它们的推论,统称为**洛必达法则**.

3.6.3 其他的不定式

除了 $\dfrac{0}{0}$ 型和 $\dfrac{\infty}{\infty}$ 型不定式外,还有 $0 \cdot \infty, \infty - \infty, 0^0, 1^\infty, \infty^0$ 型不定式,这

些其他类型的不定式均可以经过适当变形,化为 $\dfrac{0}{0}$ 型或 $\dfrac{\infty}{\infty}$ 型不定式.分别讨论如下,极限过程以 $x \to a$ 为例.

1. $0 \cdot \infty$ 型

设 $x \to a$ 时,$f(x) \to 0$,$g(x) \to \infty$,采用恒等变形得

$$f(x) \cdot g(x) = \frac{f(x)}{\dfrac{1}{g(x)}} = \frac{g(x)}{\dfrac{1}{f(x)}},$$

化为 $\dfrac{0}{0}$ 型或 $\dfrac{\infty}{\infty}$ 型的不定式,可用洛必达法则求解.

2. $\infty - \infty$ 型

设 $x \to a$ 时,$f(x) \to +\infty$,$g(x) \to +\infty$,(或 $f(x)$,$g(x)$ 同时趋于 $-\infty$),采用恒等变形得

$$f(x) - g(x) = \frac{\dfrac{1}{g(x)} - \dfrac{1}{f(x)}}{\dfrac{1}{f(x)} \cdot \dfrac{1}{g(x)}}$$

化成 $\dfrac{0}{0}$ 型不定式,但具体解题时,可从题目本身出发,采用变量代换、通分等方法化为 $\dfrac{0}{0}$ 型不定式.

3. 0^0,1^∞,∞^0 型

对于不定式为 0^0,1^∞ 或 ∞^0 的函数 $y = f(x)^{g(x)}$,采用恒等变形得

$$y = f(x)^{g(x)} = \exp[g(x) \cdot \ln f(x)] \tag{3.6.1}$$

可先求 $g(x) \cdot \ln f(x)$ 的极限,当 $x \to a$ 时,若 $g(x) \to 0$,$f(x) \to 0^+$,则 $g(x) \cdot \ln f(x)$ 为 $0 \cdot \infty$ 型;若 $g(x) \to \infty$,$f(x) \to 1$,则 $g(x) \cdot \ln f(x)$ 为 $\infty \cdot 0$ 型;若 $g(x) \to 0$,$f(x) \to +\infty$,则 $g(x) \cdot \ln f(x)$ 为 $0 \cdot \infty$ 型.应用上面(1)的

方法求得 $g(x) \cdot \ln f(x)$ 的极限后代入(3.6.1)式即可,其中 $\exp(x)$ 为 e^x.

例 3.6.8   求 $\lim\limits_{x \to 1}(x-1) \cdot \cot(\pi x)$.

解   这是 $0 \cdot \infty$ 型不定式,

$$原式 = \lim_{x \to 1} \frac{x-1}{\sin(\pi x)} \cdot \cos(\pi x) \overset{\frac{0}{0}}{=} \lim_{x \to 1} \frac{1}{\pi\cos(\pi x)} \cdot (-1) = \frac{1}{\pi}. \qquad \square$$

例 3.6.9   求 $\lim\limits_{x \to 0}\left(\dfrac{1}{\tan x} - \dfrac{1}{x}\right)$.

解   这是 $\infty - \infty$ 型不定式,

$$原式 = \lim_{x \to 0} \frac{x - \tan x}{x \tan x} = \lim_{x \to 0} \frac{x - \tan x}{x^2} \overset{\frac{0}{0}}{=} \lim_{x \to 0} \frac{1 - \sec^2 x}{2x}$$

$$= \lim_{x \to 0} \frac{-\tan^2 x}{2x} = 0. \qquad \square$$

例 3.6.10   求 $\lim\limits_{x \to 0^+} x^x$.

解   这是 0^0 型不定式,而 $x^x = \exp(x\ln x)$. 由于

$$\lim_{x \to 0^+} x\ln x = \lim_{x \to 0^+} \frac{\ln x}{x^{-1}} \overset{\frac{\infty}{\infty}}{=} \lim_{x \to 0^+} \frac{x^{-1}}{-x^{-2}} = -\lim_{x \to 0^+} x = 0,$$

所以

$$\lim_{x \to 0^+} x^x = e^0 = 1. \qquad \square$$

例 3.6.11   求 $\lim\limits_{x \to +\infty}(x + \sqrt{1+x^2})^{\frac{1}{x}}$.

解   这是 ∞^0 型不定式,而 $(x + \sqrt{1+x^2})^{\frac{1}{x}} = \exp\left(\dfrac{1}{x}\ln(x + \sqrt{1+x^2})\right)$.

由于

$$\lim_{x \to +\infty} \frac{\ln(x + \sqrt{1+x^2})}{x} \overset{\frac{\infty}{\infty}}{=} \lim_{x \to +\infty} \frac{1}{\sqrt{1+x^2}} = 0,$$

所以

$$\lim_{x \to +\infty} (x + \sqrt{1+x^2})^{\frac{1}{x}} = e^0 = 1. \qquad \square$$

习　题　3.6

A 组

1. 下列极限存在吗？能否用洛必达法则求出来？

(1) $\displaystyle\lim_{x \to +\infty} \dfrac{e^x - e^{-x}}{e^x + e^{-x}}$;

(2) $\displaystyle\lim_{x \to \infty} \dfrac{x + \sin x}{x - \sin x}$.

2. 求下列各极限：

(1) $\displaystyle\lim_{x \to a} \dfrac{\sin x - \sin a}{x - a}$;

(2) $\displaystyle\lim_{x \to 0} \dfrac{a^x - b^x}{\sin x}$;

(3) $\displaystyle\lim_{x \to 0} \dfrac{\cos ax - \cos bx}{x^2}$;

(4) $\displaystyle\lim_{x \to 0^+} \dfrac{\ln \sin 7x}{\ln \sin 2x}$;

(5) $\displaystyle\lim_{x \to 0} \dfrac{\sin x - x\cos x}{\sin^3 x}$;

(6) $\displaystyle\lim_{x \to 0} \dfrac{\sin x + \cos x - e^x}{\ln(1 - x^2)}$;

(7) $\displaystyle\lim_{x \to +\infty} \dfrac{\ln(a + be^x)}{\sqrt{a + be^x}}$ $(a, b > 0)$;

(8) $\displaystyle\lim_{x \to 0} \dfrac{e^x \sin x - x(1 + x)}{x^3}$.

3. 求下列极限：

(1) $\displaystyle\lim_{x \to 1} \left(\dfrac{2}{x^2 - 1} - \dfrac{1}{x - 1} \right)$;

(2) $\displaystyle\lim_{x \to 1} \left(\dfrac{x}{x - 1} - \dfrac{1}{\ln x} \right)$;

(3) $\displaystyle\lim_{x \to 0} \left(\dfrac{1}{x^2} - \dfrac{\cot x}{x} \right)$;

(4) $\displaystyle\lim_{x \to 0^+} x^{\sin x}$;

(5) $\displaystyle\lim_{x \to +\infty} x(e^{\frac{1}{x}} - 1)$;

(6) $\displaystyle\lim_{x \to 0} x^2 e^{\frac{1}{x^2}}$;

(7) $\displaystyle\lim_{x \to 0^+} \left(\dfrac{1}{x} \right)^{\tan x}$;

(8) $\displaystyle\lim_{x \to 0} \left(\dfrac{a^x + b^x}{2} \right)^{\frac{1}{x}}$;

(9) $\lim\limits_{x\to 0}\left(\dfrac{\sin x}{x}\right)^{\frac{1}{\arctan x}}$.

B 组

1. 若 $f(x)$ 有二阶导数，证明：$f''(x)=\lim\limits_{h\to 0}\dfrac{f(x+h)-2f(x)+f(x-h)}{h^2}$.

2. 已知函数 $f(x)=\dfrac{1+x}{\sin x}-\dfrac{1}{x}$，记 $a=\lim\limits_{x\to 0}f(x)$,

(1) 求 a 的值;

(2) 若当 $x\to 0$ 时，$f(x)-a$ 是 x^k 的同阶无穷小量，求 k.

3. 求下列极限：

(1) $\lim\limits_{x\to\infty}x^2\left(1-x\sin\dfrac{1}{x}\right)$;　　　　　　(2) $\lim\limits_{x\to\infty}\left[x-x^2\ln\left(1+\dfrac{1}{x}\right)\right]$;

(3) $\lim\limits_{x\to 0}\dfrac{(1-\cos x)\left[x-\ln(1+\tan x)\right]}{x^4}$;　(4) $\lim\limits_{x\to 0}\left[2-\dfrac{\ln(1+x)}{x}\right]^{\frac{1}{x}}$.

3.7　函数的单调性与极值

3.7.1　函数的单调性

　　第一章第二节我们介绍了函数的单调性，下面利用导数来对函数的单调性进行研究. 如果函数 $y=f(x)$ 在 $[a,b]$ 上单调增（或减），那么该函数的图形是一条沿 x 轴正向上升（或下降）的曲线，由图 3.5 可见，曲线上各点处的切线

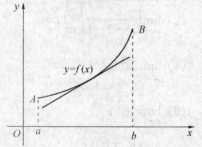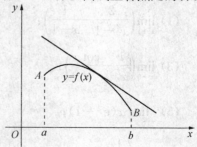

图 3.5

斜率是非负(或非正)的,即 $y'\geqslant 0$(或 $y'\leqslant 0$). 由此可见,函数的单调性与导数符号密切相关.

定理 3.7.1　设函数 $f(x)$ 在区间 I 上可导,则 $f(x)$ 在 I 上单调增(或减)的充要条件是

$$f'(x)\geqslant 0(\text{或 } f'(x)\leqslant 0),\forall x\in I.$$

证　我们仅就单调增的情况给出证明.

(充分性)设 $\forall x_1,x_2\in I,x_1<x_2$,对 $f(x)$ 在 $[x_1,x_2]$ 上应用拉格朗日中值定理,$\exists\xi\in(x_1,x_2)$,使得

$$f(x_2)-f(x_1)=f'(\xi)(x_2-x_1)\geqslant 0,$$

即 $f(x_1)\leqslant f(x_2)$,由此函数 $f(x)$ 在区间 I 上单调增.

(必要性)设函数 $f(x)$ 在区间 I 上单调增,$\forall x\in I$,若 $x+\Delta x\in I$,则有

$$\frac{f(x+\Delta x)-f(x)}{\Delta x}\geqslant 0,$$

令 $\Delta x\to 0$,取极限即得 $f'(x)\geqslant 0$.　　　　　　　　　　□

定理 3.7.2　设函数 $f(x)$ 在区间 I 上可导,若 $\forall x\in I,f'(x)>0$(或 $f'(x)<0$),则 $f(x)$ 在 I 上严格增(或减).

证　仅考虑严格增的情形.

设 $\forall x_1,x_2\in I,x_1<x_2$,对 $f(x)$ 在 $[x_1,x_2]$ 上应用拉格朗日中值定理,$\exists\xi\in(x_1,x_2)$,使得

$$f(x_2)-f(x_1)=f'(\xi)(x_2-x_1)>0,$$

即 $f(x_1)<f(x_2)$,由此函数 $f(x)$ 在区间 I 上严格增.　　　□

注　定理 3.7.2 的逆命题不成立,可导函数 $f(x)$ 在 I 上严格增(或减),不能推出 $f'(x)>0$(或 $f'(x)<0$). 例如,设 $f(x)=x^3$,则 $f(x)$ 在 R 上严格增,但 $f'(0)=0$,即可导函数 $f(x)$ 若严格增(或减),只能得到 $f'(x)\geqslant 0$(或 $f'(x)\leqslant 0$).

例 3.7.1　讨论函数 $f(x)=2x^3-9x^2+12x-3$ 的单调性.

解　$f(x)$在$(-\infty,+\infty)$可导,且

$$f'(x)=6x^2-18x+12=6(x-1)(x-2).$$

当 $x=1$ 或 2 时,$f'(x)=0$,列成下表

x	$(-\infty,1)$	1	$(1,2)$	2	$(2,+\infty)$
$f'(x)$	+	0	-	0	+
$f(x)$	↗		↘		↗

上表中,"↗"表示严格增,"↘"表示严格减. 所以 $f(x)$在$(-\infty,1)$与$(2,+\infty)$上严格增,在$(1,2)$上严格减.　　　□

例 3.7.2　讨论函数 $f(x)=2\sqrt[3]{x^2}-\cos x$ 在区间$\left[-\dfrac{\pi}{2},\dfrac{\pi}{2}\right]$上的单调性.

解　$\forall x\in\left[-\dfrac{\pi}{2},\dfrac{\pi}{2}\right]$,且 $x\neq0$ 时,

$$f'(x)=\frac{4}{3\sqrt[3]{x}}+\sin x,$$

当 $x=0$ 时,$f'(x)$不存在,列表如下:

x	$\left[-\dfrac{\pi}{2},0\right)$	0	$\left(0,\dfrac{\pi}{2}\right]$
$f'(x)$	-	不存在	+
$f(x)$	↘		↗

所以,$f(x)$在$\left[-\dfrac{\pi}{2},0\right)$上严格减,在$\left(0,\dfrac{\pi}{2}\right]$上严格增.　　　□

例 3.7.3　求证:当 $x>0$ 时,$\ln(x+1)>\dfrac{x}{x+1}$.

解　令 $f(x)=\ln(x+1)-\dfrac{x}{x+1}$,当 $x>0$ 时,$f(x)$ 可导,且

$$f'(x)=\frac{1}{x+1}-\frac{1}{(x+1)^2}=\frac{x}{(x+1)^2}>0,$$

故 $f(x)$ 在 $(0,+\infty)$ 上严格增,得 $f(x)>f(0)=0$,即

$$\ln(x+1)>\frac{x}{x+1}.$$

3.7.2　函数的极值

极值是函数性态的一个重要特征,下面给出极值的定义.

定义 3.7.1　(极值)设 $f(x)$ 在点 x_0 的邻域 $U(x_0,\delta)$ 内有定义,若 $\forall x\in \overset{\circ}{U}(x_0,\delta)$,都有 $f(x)<f(x_0)$(或 $f(x)>f(x_0)$),则称 $f(x_0)$ 是 $f(x)$ 的一个**极大值**(或**极小值**),x_0 称为 $f(x)$ 的一个**极大值点**(或**极小值点**).

函数的极大值与极小值统称为函数的**极值**,使函数取得极值的点统称为**极值点**.

函数的极值只是一个局部概念.如果 $f(x_0)$ 是 $f(x)$ 的一个极大值,那只是在 x_0 附近的一个局部范围内,$f(x_0)$ 是一个最大值,如果就 $f(x)$ 的整个定义域来说,$f(x_0)$ 不见得是最大的.

函数 $f(x)$ 在定义域内可能有多个极大值与多个极小值.如图 3.6 所示,$f(x)$ 有两个极大值 $f(x_2)$ 和 $f(x_4)$,三个极小值 $f(x_1)$,$f(x_3)$ 和 $f(x_5)$,且极大值 $f(x_2)$ 小于极小值 $f(x_5)$.我们规定,在闭区间的两个端点不考虑极值.

什么样的点会是极值点呢? 由图 3.6 可见,光滑曲线 $f(x)$ 在极值点处导数为零.由

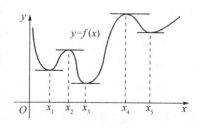

图 3.6

3.5 节中费马引理的证明过程可知,如果可导函数在 x_0 处取得极值,则必有 $f'(x_0)=0$.

定理 3.7.3 （极值的必要条件）设函数 $y=f(x)$ 在 x_0 处可导,且在 x_0 处取得极值,那么 $f'(x_0)=0$.

定义 3.7.2 满足方程 $f'(x)=0$ 的点称为函数 $f(x)$ 的**驻点**.

定理 3.7.3 表明,可导的极值点必为驻点. 但反过来,驻点却不一定是极值点. 例如,$f(x)=x^3$,$f'(0)=0$,$x=0$ 是 $f(x)$ 的驻点,但不是函数的极值点. 另外,函数在导数不存在的点处也可能取得极值,例如 $f(x)=|x|$,$f(0)=0$ 是 $f(x)$ 的极小值,但 $f(x)$ 在 $x=0$ 处不可导.

驻点及导数不存在的点统称为**可疑极值点**,如何判断可疑极值点处是否取得极值? 我们有下面的定理.

定理 3.7.4 （极值的充分条件Ⅰ）设函数 $f(x)$ 在 x_0 的某邻域 $U(x_0,\delta)$ 内连续,在其去心邻域 $\overset{\circ}{U}(x_0,\delta)$ 内可导,

(1) 如果 $x\in(x_0-\delta,x_0)$ 时,$f'(x)>0$;$x\in(x_0,x_0+\delta)$ 时,$f'(x)<0$,则 $f(x_0)$ 为 $f(x)$ 的一个极大值;

(2) 如果 $x\in(x_0-\delta,x_0)$ 时,$f'(x)<0$;$x\in(x_0,x_0+\delta)$ 时,$f'(x)>0$,则 $f(x_0)$ 为 $f(x)$ 的一个极小值;

(3) 如果 $x\in\overset{\circ}{U}(x_0,\delta)$ 时,$f'(x)$ 不变号,则 $f(x_0)$ 不是 $f(x)$ 的极值.

证 （1）当 $x\in(x_0-\delta,x_0)$ 时,$f'(x)>0$,故在 x_0 的左邻域内,$f(x)$ 严格增,即 $f(x)<f(x_0)$;当 $x\in(x_0,x_0+\delta)$ 时,$f'(x)<0$,故在 x_0 的右邻域内,$f(x)$ 严格减,即 $f(x)<f(x_0)$. 即当 $x\in\overset{\circ}{U}(x_0,\delta)$ 时,$f(x)<f(x_0)$,故 $f(x_0)$ 是 $f(x)$ 的一个极大值.

同理可证(2)(3)的结论. □

例 3.7.4 求 $f(x)=2x^3-9x^2+12x-3$ 的极值.

解 由例 3.7.1 得,$f(x)$ 有驻点 $x_1=1$ 及 $x_2=2$,无不可导的点. 由于 $f(x)$ 在 $(-\infty,1)$ 严格增,在 $(1,2)$ 上严格减,所以有极大值 $f(1)=2$;又 $f(x)$ 在 $(2,+\infty)$ 上严格增,所以有极小值 $f(2)=1$. □

例 3.7.5　求 $f(x) = 2\sqrt[3]{x^2} - \cos x$ 在区间 $\left[-\dfrac{\pi}{2}, \dfrac{\pi}{2}\right]$ 上的极值.

解　由例 3.7.2 得，$f(x)$ 在 $\left(-\dfrac{\pi}{2}, \dfrac{\pi}{2}\right)$ 内有不可导点 $x=0$，无驻点. 由于 $f(x)$ 在 $\left(-\dfrac{\pi}{2}, 0\right)$ 上严格减，在 $\left(0, \dfrac{\pi}{2}\right)$ 上严格增，故在 $\left[-\dfrac{\pi}{2}, \dfrac{\pi}{2}\right]$ 上存在极小值 $f(0) = -1$，无极大值. □

当函数在其驻点处的二阶导数易于计算且不为零时，有更简单的极值判别方法.

定理 3.7.5　（极值的充分条件 Ⅱ）设函数 $f(x)$ 在 x_0 处具有二阶导数，且 $f'(x_0) = 0$，$f''(x_0) \neq 0$，则

(1) 若 $f''(x_0) > 0$，则 $f(x_0)$ 是 $f(x)$ 的极小值；

(2) 若 $f''(x_0) < 0$，则 $f(x_0)$ 是 $f(x)$ 的极大值.

证　(1) 由二阶导数的定义及 $f'(x_0) = 0$ 得

$$f''(x_0) = \lim_{x \to x_0} \frac{f'(x) - f'(x_0)}{x - x_0} = \lim_{x \to x_0} \frac{f'(x)}{x - x_0} > 0,$$

应用极限的局部保号性，存在 x_0 的去心邻域 $\mathring{U}(x_0, \delta)$，使得 $\forall x \in \mathring{U}(x_0, \delta)$，有 $\dfrac{f'(x)}{x - x_0} > 0$. 所以，当 $x \in (x_0 - \delta, x_0)$ 时，$f'(x) < 0$；当 $x \in (x_0, x_0 + \delta)$ 时，$f'(x) > 0$. 由定理 3.7.4 可知，$f(x_0)$ 为 $f(x)$ 的一个极小值.

同理可证(2)的结论. □

例 3.7.6　求 $f(x) = \sin x + \cos x$ 在区间 $[0, 2\pi]$ 上的极值.

解　$f(x)$ 在 $[0, 2\pi]$ 上可导，且

$$f'(x) = \cos x - \sin x,$$

令 $f'(x) = 0$，得驻点 $x_1 = \dfrac{\pi}{4}$，$x_2 = \dfrac{5\pi}{4}$. 又

$$f''(x) = -\sin x - \cos x,$$

故 $f''\left(\dfrac{\pi}{4}\right)<0, f''\left(\dfrac{5\pi}{4}\right)>0$，由定理 3.7.5 知，$f\left(\dfrac{\pi}{4}\right)=\sqrt{2}$ 为函数的极大值，

$f\left(\dfrac{5\pi}{4}\right)=-\sqrt{2}$ 为函数的极小值.　　　　　　　　　　　□

3.7.3　函数的最值

在实际应用中，常常会遇到这样一类问题：在一定条件下，怎样使"盈利最多"、"用料最省"、"成本最低"？此类实例若转化为数学问题，就是求函数的最大值与最小值.

由连续函数的性质可知，闭区间上的连续函数必存在最大值与最小值. 该最大值与最小值可能出现在区间的端点，也可能出现在区间的内部. 若出现在区间的内部，则它必是函数的极值，也就是函数的驻点或不可导点. 因此求连续函数在闭区间 $[a,b]$ 上的最大值和最小值可按如下步骤进行：

(1) 求出 $f(x)$ 在 (a,b) 内的驻点 $x_1,x_2,\cdots,x_m$ 及不可导点 $x_1',x_2',\cdots,x_n'$；

(2) 计算函数值 $f(x_1),f(x_2),\cdots,f(x_m); f(x_1'),f(x_2'),\cdots,f(x_n'); f(a)$，$f(b)$；

(3) 比较 (2) 中的各函数值，其中最大的是 $f(x)$ 在 $[a,b]$ 上的最大值，最小的是 $f(x)$ 在 $[a,b]$ 上的最小值.

例 3.7.7　求 $f(x)=2x^3-9x^2+12x-3$ 在 $[0,3]$ 上的最值.

解　在例 3.7.1 中我们已求得 $f(x)$ 的驻点为 $x_1=1$ 及 $x_2=2$，无不可导的点. 又

$$f(1)=2, f(2)=1, f(0)=-3, f(3)=6,$$

比较可得 $f(x)$ 在 $[0,3]$ 上的最大值为 6，最小值为 -3.　　　　□

在求根据实际问题建立的函数的最大值或最小值时，所讨论函数的定义区间不一定是闭区间，且函数在有定义的范围内只有一个驻点，这个驻点通常就是实际问题的最值点.

例 3.7.8　制造容积为 $50\ \mathrm{m}^3$ 的圆柱体容器，应取怎样的底面半径与高，

使用料(表面积)最省?

解 设容器的底面半径为 $R(\mathrm{m})$,高为 $h(\mathrm{m})$,则其表面积

$$S = 2\pi Rh + 2\pi R^2, R \in (0, +\infty),$$

由 $\pi R^2 h = 50$,得 $h = \dfrac{50}{\pi R^2}$,代入上式知,

$$S = \frac{100}{R} + 2\pi R^2, \qquad \frac{\mathrm{d}S}{\mathrm{d}R} = -\frac{100}{R^2} + 4\pi R,$$

令 $\dfrac{\mathrm{d}S}{\mathrm{d}R} = 0$ 得唯一驻点 $R_0 = \sqrt[3]{\dfrac{25}{\pi}}$. 在 R_0 的左邻域内 $\dfrac{\mathrm{d}S}{\mathrm{d}R} < 0$,在 R_0 的右邻域内 $\dfrac{\mathrm{d}S}{\mathrm{d}R} > 0$,所以 R_0 为极小值点,即为最小值点. 此时,

$$h_0 = \frac{50}{\pi R_0^2} = 2\sqrt[3]{\frac{25}{\pi}},$$

即当容积的底面半径为 $\sqrt[3]{\dfrac{25}{\pi}}$,高为 $2\sqrt[3]{\dfrac{25}{\pi}}$ 时,用料最省. □

例 3.7.9 一公司生产某种商品,其年销售量为 100 万件,每生产一批商品需增加准备费 1 000 元,商品库存费为每件 0.05 元,如果年销售率是均匀的且上批销售完后立即生产下一批(此时商品库存数为批量的一半),问分几批生产,才能使生产准备费及库存费之和最小.

解 设分 x 批生产,生产准备费及库存费之和为 y,由题意得

$$y = 1\,000x + \frac{1\,000\,000}{2x} \times 0.05 = 1\,000x + \frac{25\,000}{x}, x > 0,$$

$$y' = 1\,000 - \frac{25\,000}{x^2},$$

令 $y' = 0$ 得驻点 $x = 5(x = -5$ 不合理,舍去$)$. 因此,当 $x = 5$ 时,y 取到最小值. 即分 5 批生产,才能使生产准备费及库存费之和最小. □

习 题 3.7

A 组

1. 求下列函数的单调区间和极值:

(1) $y=x^3-3x^2-9x$; (2) $y=\dfrac{2x}{1+x^2}$;

(3) $y=x^2 \mathrm{e}^{-x^2}$; (4) $y=(x-4)\sqrt[3]{(x+1)^2}$;

(5) $y=\arctan x-\dfrac{1}{2}\ln(1+x^2)$; (6) $y=\sqrt[3]{(2x-a)(a-x)^2}$ $(a>0)$.

2. 求下列函数在指定区间上的最值:

(1) $y=x^4-2x^2+5,[-2,2]$; (2) $y=x+\sqrt{1-x},[-5,1]$;

(3) $y=\ln(1+x^2),[-1,2]$; (4) $y=|x^2-3x+2|,[-3,4]$.

3. 证明下列不等式:

(1) 当 $x>0$ 时,$1+\dfrac{1}{2}x>\sqrt{1+x}$;

(2) 当 $x>0$ 时,$\ln(1+x)>x-\dfrac{1}{2}x^2$;

(3) 当 $0<x<\dfrac{\pi}{2}$ 时,$\tan x>x+\dfrac{x^3}{3}$;

(4) 当 $x>0$ 时,$\sqrt{1+x^2}<1+x\ln(x+\sqrt{1+x^2})$.

4. 问 a 为何值时,函数 $f(x)=a\sin x+\dfrac{1}{3}\sin 3x$ 在 $x=\dfrac{\pi}{3}$ 处有极值? 求出此极值,说明是极大值还是极小值?

5. 设 1 和 2 均为函数 $y=a\ln x+bx^2+3x$ 的极值点,求 a,b 的值.

6. 做一个带盖的长方体盒子,体积为 72 cm^3,底面的两边之比为 $1:2$,问长宽高各为多少时可使盒子的表面积最小?

7. 某车间靠墙壁盖一间长方形小屋,现有存砖只够砌 20 m 长的墙壁. 问应围成怎样的长方形才能使这间小屋的面积最大?

8. 生产某产品的总成本函数为 $C = 6Q^2 + 18Q + 54$（元），每件产品的售价为 258 元，求利润最大时的产量和利润.

9. 某企业的总成本函数和总收益函数分别为

$$C = 0.3Q^2 + 9Q + 30, \quad R = 30Q - 0.75Q^2,$$

试求相应的 Q 值，使：(1) 总收益最大；(2) 平均成本最低；(3) 利润最大.

B 组

1. 设 $\lim\limits_{x \to x_0} \dfrac{f(x) - f(x_0)}{(x - x_0)^2} = -1$，证明：$f(x)$ 在 x_0 处取得极大值.

2. 设函数 $f(x)$ 的导数在点 a 处连续，且 $\lim\limits_{x \to a} \dfrac{f'(x)}{x - a} = -1$，求证：$x = a$ 是函数 $f(x)$ 的极大值点.

3. 一家银行的统计资料表明，存放在银行中的总存款量正比于银行付给存户利率的平方. 现假设银行可以用 12% 的利率再投资这笔钱. 试问为得到最大利润，银行支付给存户的利率应定为多少?

3.8　曲线的凹凸性　函数作图

3.8.1　曲线的凹凸性及拐点

在 3.7 节中我们研究了函数的单调性，单调性反映在图形上，就是曲线的上升或下降. 但曲线在上升或下降过程中，还有一个弯曲方向的问题，如图 3.7 所示，$\overset{\frown}{ACB}$ 和 $\overset{\frown}{ADB}$ 都是上升的，但弯曲方向明显不同. $\overset{\frown}{ACB}$ 是向上凸的曲线弧，$\overset{\frown}{ADB}$ 是向下凸的曲线弧. 下面我们就来研究曲线的凹凸性及其判定法.

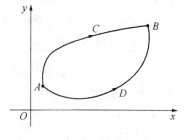

图 3.7

定义 3.8.1　设函数 $f(x)$ 在区间 I 上可

导，如果该函数在 I 上的曲线都位于它的每一点处切线的上方（或下方），那么称曲线 $y=f(x)$ 在区间 I 上是**凹**（或**凸**）的．

由定义 3.8.1 知，图 3.8(a) 中曲线是凹的，(b) 中曲线是凸的．从图 3.8 还可以看出凹的曲线段上切线斜率随 x 的增大而增大，即 $f'(x)$ 单调增；相反地，凸的曲线段上切线斜率随 x 的增大而减少，即 $f'(x)$ 单调减．下面不加证明地给出利用二阶导数判定曲线凹凸性的定理．

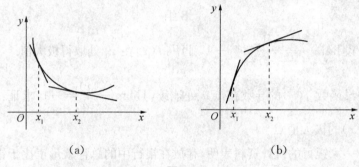

（a）   （b）

图 3.8

定理 3.8.1 设函数 $f(x)$ 在区间 I 上存在二阶导数，则

(1) $\forall x \in I$，$f''(x) > 0$，则 $f(x)$ 在区间 I 上的图形是凹的；

(2) $\forall x \in I$，$f''(x) < 0$，则 $f(x)$ 在区间 I 上的图形是凸的．

例如函数 $y = \ln x$，因 $y' = \dfrac{1}{x}$，$y'' = -\dfrac{1}{x^2} < 0$，所以 $y = \ln x$ 的图形是凸的．

又如函数 $y = x^3$，因 $y' = 3x^2$，$y'' = 6x$，故当 $x > 0$ 时，$y'' > 0$，该函数的图形是凹的；当 $x < 0$ 时，$y'' < 0$，该函数的图形是凸的．可见，曲线 $y = x^3$ 在 $x = 0$ 处，$y'' = 0$，且曲线在 $(0,0)$ 处的左、右两侧凹凸性相反．

定义 3.8.2 设函数 $f(x)$ 在 $U(x_0, \delta)$ 内连续，如果曲线 $y = f(x)$ 在经过点 $(x_0, f(x_0))$ 时，曲线的凹凸性发生改变，则称 $(x_0, f(x_0))$ 为曲线 $f(x)$ 的拐点．

注 由拐点定义知，拐点 $M_0(x_0, f(x_0))$ 是曲线上的点，它与极值点的概念不同．

那么如何来寻找 $y = f(x)$ 的拐点呢？

我们已经知道,由 $f''(x)$ 的符号可以判断曲线的凹凸性. 如果 $f''(x)$ 在 x_0 的左右邻域异号,那么点 $(x_0, f(x_0))$ 就是该曲线的一个拐点. 所以若 $f(x)$ 在区间 I 内具有二阶连续导数,则在拐点处必有 $f''(x_0) = 0$. 另外,在 $f(x)$ 的二阶导数不存在的地方也可能取到拐点. 例如 $y = \sqrt[3]{x}$,因 $y' = \dfrac{1}{3\sqrt[3]{x^2}}$, $y'' = -\dfrac{2}{9x\sqrt[3]{x^2}}$,所以当 $x < 0$ 时,$y'' > 0$,曲线是凹的;当 $x > 0$ 时,$y'' < 0$,曲线是凸的,所以曲线上的点 $(0, 0)$ 是其拐点,但当 $x = 0$ 时,y'' 不存在. 综上分析,我们可按下列步骤求 $y = f(x)$ 的拐点.

(1) 求 $f''(x)$;

(2) 令 $f''(x) = 0$,解出此方程的根,并求出 $f''(x)$ 不存在的点;

(3) 对于 (2) 中求出的每一个 x_0,检查 $f''(x)$ 在 x_0 左右两侧的符号,当两侧的符号相反时,$(x_0, f(x_0))$ 是拐点;当两侧的符号相同时,$(x_0, f(x_0))$ 不是拐点.

例 3.8.1　求 $f(x) = 2x^3 - 9x^2 + 12x - 3$ 的凹凸区间及拐点.

解　$f(x)$ 的定义域为 $(-\infty, +\infty)$,且

$$f'(x) = 6x^2 - 18x + 12, \quad f''(x) = 12x - 18,$$

令 $f''(x) = 0$ 得 $x = \dfrac{3}{2}$. 当 $x < \dfrac{3}{2}$ 时,$f''(x) < 0$;当 $x > \dfrac{3}{2}$ 时,$f''(x) > 0$. $f(x)$ 在 $\left(-\infty, \dfrac{3}{2}\right)$ 上是凸的,在 $\left(\dfrac{3}{2}, +\infty\right)$ 是凹的,故 $\left(\dfrac{3}{2}, f\left(\dfrac{3}{2}\right)\right) = \left(\dfrac{3}{2}, \dfrac{3}{2}\right)$ 是 $f(x)$ 的拐点.　　□

例 3.8.2　求 $f(x) = (x-1)\sqrt[3]{x^2}$ 的凹凸区间及拐点.

解　由于

$$f'(x) = \frac{5x-2}{3\sqrt[3]{x}}, \quad f''(x) = \frac{2(5x+1)}{9x\sqrt[3]{x}},$$

令 $f''(x) = 0$ 得 $x = -\dfrac{1}{5}$,且 $x = 0$ 处不可导. $-\dfrac{1}{5}$ 及 0 将函数的定义域 $(-\infty,$

$+\infty)$分为三段区间,列表如下:

x	$\left(-\infty,-\dfrac{1}{5}\right)$	$-\dfrac{1}{5}$	$\left(-\dfrac{1}{5},0\right)$	0	$(0,+\infty)$
$f''(x)$	$-$	0	$+$	不存在	$+$

于是曲线 $f(x)$ 在区间 $\left(-\infty,-\dfrac{1}{5}\right)$ 上是凸的,在 $\left(-\dfrac{1}{5},0\right)$ 上凹的,在 $(0,$

$+\infty)$也是凹的,故 $\left(-\dfrac{1}{5},f\left(-\dfrac{1}{5}\right)\right)=\left(-\dfrac{1}{5},-\dfrac{6}{5\sqrt[3]{25}}\right)$ 为 $f(x)$ 的拐点. □

3.8.2　曲线的渐近线

在描绘图形时,还需要清楚图形无限延伸的趋势,为此,还应对曲线的渐近线进行讨论.

定义 3.8.3　如果曲线上的一点 M 沿着曲线 C 无限远离原点时,点 M 与某条直线 L 的距离趋于零,则称此直线 L 为曲线 C 的**渐近线**.

渐近线分水平渐近线、铅直渐近线和斜渐近线.下面讨论它们的求法.

（1）水平渐近线:若 $\lim\limits_{x\to+\infty}f(x)=A$(或 $\lim\limits_{x\to-\infty}f(x)=A$),则直线 $y=A$ 是曲线 $y=f(x)$ 的一条**水平渐近线**,如图 3.9 所示.

如 $\lim\limits_{x\to+\infty}\arctan x=\dfrac{\pi}{2}$, $\lim\limits_{x\to-\infty}\arctan x=-\dfrac{\pi}{2}$,故

$y=\dfrac{\pi}{2}$ 及 $y=-\dfrac{\pi}{2}$ 是曲线 $y=\arctan x$ 的两条水平

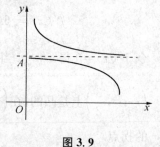

图 3.9

渐近线. 由 $\lim\limits_{x\to\infty}\dfrac{1}{x}=0$,故 $y=0$ 是曲线 $y=\dfrac{1}{x}$ 的水平渐近线.

（2）铅直渐近线:若 $\lim\limits_{x\to a^{+}}f(x)=\infty$(或 $\lim\limits_{x\to a^{-}}f(x)=\infty$),则直线 $x=a$ 是曲线 $y=f(x)$ 的一条**铅直渐近线**,如图 3.10 所示.

例如,由 $\lim\limits_{x\to0}\dfrac{1}{x}=\infty$ 知 $x=0$ 是曲线 $y=\dfrac{1}{x}$ 的一条铅直渐近线. 由 $\lim\limits_{x\to0^{+}}\mathrm{e}^{\frac{1}{x}}=$

$+\infty$ 知 $x=0$ 是曲线 $y=\mathrm{e}^{\frac{1}{x}}$ 的一条铅直渐近线.

（3）* 斜渐近线：将曲线的既非铅直又非水平的渐近线称为**斜渐近线**. 若

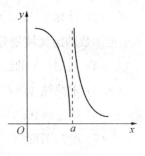

$$\lim_{\substack{x\to+\infty \\ (x\to-\infty)}} \frac{f(x)}{x}=a, \quad \lim_{\substack{x\to+\infty \\ (x\to-\infty)}} (f(x)-ax)=b,$$

这里 a,b 均为实数，且 $a\neq0$，则直线 $y=ax+b$ 为当 $x\to+\infty$（或 $x\to-\infty$）时的斜渐近线.（证明从略）

图 3.10

例 3.8.3 求曲线 $f(x)=\dfrac{x^2}{x+1}$ 的渐近线.

解 因

$$\lim_{x\to\infty} \frac{x^2}{x+1}=\infty, \quad \lim_{x\to-1} \frac{x^2}{x+1}=\infty,$$

故曲线无水平渐近线，有铅直渐近线 $x=-1$. 又因

$$a=\lim_{x\to\infty}\frac{f(x)}{x}=\lim_{x\to\infty}\frac{x}{x+1}=1,$$

$$b=\lim_{x\to\infty}(f(x)-ax)=\lim_{x\to\infty}\left(\frac{x^2}{x+1}-x\right)=\lim_{x\to\infty}\frac{-x}{x+1}=-1,$$

所以当 $x\to+\infty$ 及 $x\to-\infty$ 时，曲线有共同的斜渐近线 $y=x-1$. □

3.8.3 函数作图

总结之前用导数方法研究函数性质的结论，借助于一阶导数的符号，我们可以确定函数的单调性及极值点；借助于二阶导数的符号，可以确定函数曲线的凹凸性及拐点. 通过曲线的渐近线又可以知道曲线无穷伸展的情况，从而可以掌握函数的形态，并把函数的图形描画得比较准确.

利用导数描绘函数图形的一般步骤如下：

（1）确定函数的定义域；

（2）讨论函数的周期性、奇偶性与连续性；

（3）计算 $f'(x)$，$f''(x)$，求出 $f'(x)$，$f''(x)$ 的零点及不存在的点，用这些点把函数的定义域划分成几个部分区间；

（4）利用（3）的结果，讨论函数 $f(x)$ 的单调性与极值、凹凸性与拐点；

（5）求曲线 $y=f(x)$ 的渐近线；

（6）确定函数的某些特殊点，如间断点及与坐标轴的交点；

（7）绘制图形.

例 3.8.4 作函数 $f(x)=2x^3-9x^2+12x-3$ 的简图.

解 该函数的定义域为 $(-\infty,+\infty)$，不具有对称性和周期性. 利用前面例 3.7.1 与例 3.8.1 的计算结果列表如下：

x	$(-\infty,1)$	1	$\left(1,\dfrac{3}{2}\right)$	$\dfrac{3}{2}$	$\left(\dfrac{3}{2},2\right)$	2	$(2,+\infty)$
$f'(x)$	+	0	−	−	−	0	+
$f''(x)$	−	−	−	0	+	+	+
$f(x)$	↗凸	2	↘凸	$\dfrac{3}{2}$	↘凹	1	↗凹

极大值 $f(1)=2$，极小值 $f(2)=1$，拐点为 $\left(\dfrac{3}{2},\dfrac{3}{2}\right)$，

无渐近线. 绘制成简图，如图 3.11 所示. □

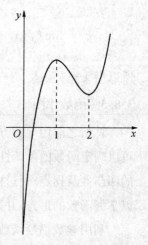

*例 3.8.5 作函数 $f(x)=\dfrac{(x-1)^3}{x^2}$ 的简图.

解 该函数的定义域为 $(-\infty,0)\bigcup(0,+\infty)$，不具有对称性和周期性，且

$$f'(x)=\frac{(x-1)^2(x+2)}{x^3}, \quad f''(x)=\frac{6(x-1)}{x^4},$$

令 $f'(x)=0$，解得驻点为 $x=-2,1$；令 $f''(x)=0$，解得 $x=1$. 用 $x=-2,1$ 将定义域分成小区间，列表

图 3.11

讨论如下：

x	$(-\infty,-2)$	-2	$(-2,0)$	$(0,1)$	1	$(1,+\infty)$
$f'(x)$	+	0	−	+	0	+
$f''(x)$	−	−	−	−	0	+
$f(x)$	↗凸	$-\dfrac{27}{4}$	↘凸	↗凸	0	↗凹

可见 $f(-2)=-\dfrac{27}{4}$ 为极大值，无极小值，$(1,0)$

为拐点. 由于 $\lim\limits_{x\to 0}f(x)=\infty$，所以有铅直渐近线

$x=0$；由于 $\lim\limits_{x\to\infty}f(x)=\infty$，所以无水平渐近线；又

由于

$$\lim_{x\to\infty}\frac{f(x)}{x}=1,\quad \lim_{x\to\infty}(f(x)-x)=-3,$$

所以在 $x\to+\infty$ 和 $x\to-\infty$ 两个方向，曲线有共

同的斜渐近线 $y=x-3$. 将上述结果绘制成图，

如图 3.12 所示.　　　　　　　　　　□

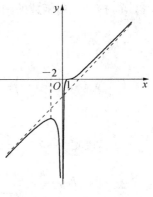

图 3.12

习　题　3.8

A 组

1. 求下列函数的凹凸区间和拐点：

(1) $y=2x^3-3x^2-36x+25$;　　　(2) $y=x+\dfrac{1}{x}$;

(3) $y=\ln(1+x^2)$;　　　(4) $y=x^4(12\ln x-7)$;

(5) $y=(x^2-x)\mathrm{e}^x$;　　　(6) $y=\dfrac{2x-1}{(x+1)^2}$.

2. 问 a,b 为何值时，点 $(1,3)$ 是曲线 $y=ax^4+bx^3$ 的拐点.

3. 确定 a,b,c 的值，使 $f(x)=ax^3+bx^2+c$ 有一拐点 $(1,2)$，且过此点的切线斜率为 -9.

4. 求下列曲线的渐近线：

(1) $y=e^{-x^2}$;

(2) $y=\dfrac{x^3}{x^2+2x-3}$;

(3) $y=\dfrac{\ln x}{x-1}$;

(4) $y=2x+\arctan\dfrac{x}{2}$.

5. 描绘下列函数的图形：

(1) $y=\dfrac{x}{1+x}$;

(2) $y=x^2+\dfrac{1}{x}$;

(3) $y=x\ln\left(e+\dfrac{1}{x}\right)$;

(4) $y=x^3-x^2-x+1$.

B 组

1. 试确定 $y=k(x^2-3)^2$ 中 k 的值，使曲线拐点处的法线通过原点.

2. 讨论 $f(x)=\begin{cases}\sqrt{x}, & x\geqslant 0;\\ \sqrt{-x}, & x<0\end{cases}$ 的凹凸性及拐点.

3. 求曲线 $\begin{cases}x=t^2;\\ y=3t+t^3\end{cases}(t\in\mathbf{R})$ 的拐点.

4. 证明：曲线 $y=\dfrac{x+1}{x^2+1}$ 有 3 个拐点在同一直线上.

3.9　导数在经济学中的应用

3.9.1　边际分析

一、边际概念

在经济问题中，常常会使用变化率的概念，而变化率又分平均变化率和瞬时变化率. 平均变化率就是函数增量与自变量之比，如常用到的年产量的平均变化率、成本的平均变化率、利润的平均变化率等. 而瞬时变化率就是函数对自变量的导数,即当自变量增量趋于零时平均变化率的极限.

设一个经济指标是另一个经济指标 x 的函数: $y = f(x)$. 如果函数 $y = f(x)$ 在点 x 处可导,则 $f(x)$ 在 $(x, x + \Delta x)$ 内的平均变化率为

$$\frac{\Delta y}{\Delta x} = \frac{f(x + \Delta x) - f(x)}{\Delta x},$$

在 x 处的瞬时变化率为

$$\lim_{\Delta x \to 0} \frac{\Delta y}{\Delta x} = \lim_{\Delta x \to 0} \frac{f(x + \Delta x) - f(x)}{\Delta x} = f'(x).$$

在经济分析中,称 $f'(x)$ 为 $f(x)$ 在 x 处的边际函数.

在点 x 处,当 x 改变一个单位时,y 相应的改变 $\Delta y = f(x+1) - f(x)$. 若 x 是一个很大的数目,由于 $\Delta x = 1$ 与 x 相比是微乎其微的,故由微分的应用知

$$\Delta y|_{\Delta x=1} \approx \mathrm{d}y|_{\Delta x=1} = f'(x)\Delta x|_{\Delta x=1} = f'(x),$$

这表明 $f(x)$ 在点 x 处,当 x 改变一个单位时,y 近似改变 $f'(x)$ 个单位. 在经济分析中解释边际函数值的具体意义时,常略去"近似"二字. 于是,有如下定义:

定义 3.9.1 设函数 $f(x)$ 可导,则称导数 $f'(x)$ 为 $f(x)$ 的**边际函数**, $f'(x_0)$ 称为在 x_0 处的**边际函数值**.

边际函数值 $f'(x_0)$ 的意义:在 $x = x_0$ 处,x 改变一个单位,$f(x)$ 改变 $f'(x_0)$ 个单位.

例如,函数 $y = 3 + 2\sqrt{x}$,$y' = \dfrac{1}{\sqrt{x}}$,则在点 $x = 100$ 处的边际函数值 $y'|_{x=100} = \dfrac{1}{10}$. 该值表明:当 $x = 100$ 时,x 改变一个单位,y 相应改变 $\dfrac{1}{10}$ 个单位.

二、经济学中常见的边际函数

1. 边际成本

总成本函数 $C(Q)$ 的导数 $C'(Q) = \lim\limits_{\Delta Q \to 0} \dfrac{C(Q+\Delta Q)-C(Q)}{\Delta Q}$ 称为**边际成本**.

它（近似地）表示：已经生产了 Q 单位产品时，再生产一个单位产品所增加的总成本.

一般情况下，总成本 $C(Q)$ 为固定成本 C_0 与可变成本 $C_1(Q)$ 之和，即

$$C(Q) = C_0 + C_1(Q),$$

边际成本

$$C'(Q) = (C_0 + C_1(Q))' = C_1'(Q),$$

显然，边际成本与固定成本无关.

平均成本函数

$$\overline{C}(Q) = \frac{C(Q)}{Q} = \frac{C_0}{Q} + \frac{C_1(Q)}{Q},$$

其导数

$$\overline{C}'(Q) = \left(\frac{C(Q)}{Q}\right)' = \frac{QC'(Q)-C(Q)}{Q^2},$$

称为**边际平均成本**.

令 $\overline{C}'(Q) = 0$，得 $C'(Q) = \overline{C}(Q)$. 由此可见，当边际成本等于平均成本时，平均成本最小.

例 3.9.1   设某产品生产 Q 单位时的总成本函数为 $C(Q) = 2\,500 + 8Q + \dfrac{1}{4}Q^2$. 求：(1) 当 $Q=40$ 时的总成本、平均成本及边际成本，并解释边际成本的经济意义. (2) 最低平均成本和相应产量的边际成本.

解   (1) 由总成本函数 $C(Q) = 2\,500 + 8Q + \dfrac{1}{4}Q^2$，有

$$C(40) = 3\,220, \quad \overline{C}(40) = \frac{C(40)}{40} = 80.5,$$

$$C'(40) = C'(Q)\Big|_{Q=40} = \left(8 + \frac{1}{2}Q\right)\Big|_{Q=40} = 28.$$

因此,当 $Q=40$ 时总成本 $C(40)=3\,220$,平均成本$\overline{C}(40)=80.5$,边际成本 $C'(40)=28$. 其中边际成本 $C'(40)$表示:当产量为 40 个单位时,再增加(或减少)1 个单位,总成本将增加(或减少)28 个单位.

(2) 平均成本为$\overline{C}(Q)=\frac{C(Q)}{Q}=\frac{2\,500}{Q}+8+\frac{1}{4}Q$,令$\overline{C}'(Q)=-\frac{2\,500}{Q^2}+\frac{1}{4}$

$=0$,解得唯一驻点 $Q=100$. 由于 $C''(Q)\big|_{Q=100}=\frac{5\,000}{100^3}>0$,所以 $Q=100$ 为极小值点,也是最小值点. 因此,产量为 100 单位时,平均成本最低,其最低平均成本为$\overline{C}(Q)=\frac{2\,500}{100}+8+\frac{100}{4}=58$. 边际成本函数 $C'(Q)=8+\frac{1}{2}Q$,故当 $Q=100$ 时,边际成本 $C'(100)=58$.　　　　　　□

2. 边际收益

总收益函数 $R(Q)$的导数

$$R'(Q) = \lim_{\Delta Q \to 0} \frac{\Delta R}{\Delta Q} = \lim_{\Delta Q \to 0} \frac{R(Q+\Delta Q) - R(Q)}{\Delta Q},$$

称为**边际收益**. 它(近似地)表示:已经销售了 Q 单位产品时,再销售一个单位产品时增加的总收益.

若 P 表示价格,且 P 是销售量 Q 的函数 $P=P(Q)$,则 $R(Q)=P \cdot Q=P(Q) \cdot Q$. 此时边际收益为

$$R'(Q) = P'(Q) \cdot Q + P(Q).$$

例 3.9.2　设某产品的需求函数 $Q=100-2P$,其中 P 为价格,Q 为销售量,求:(1) 销售量为 20 个单位时的总收益、平均收益和边际收益;(2) 销售量从 20 个单位增加到 28 个单位时收益的平均变化率.

解 (1) 总收益函数为

$$R(Q) = P(Q) \cdot Q = \frac{100-Q}{2} \cdot Q = 50Q - \frac{1}{2}Q^2,$$

故得

$$R(20) = 800, \quad \bar{R}(20) = \frac{800}{20} = 40,$$

$$R'(20) = R'(Q)\big|_{Q=20} = (50-Q)\big|_{Q=20} = 30.$$

因此，当 $Q=20$ 时总收益 $R(20)=800$，平均收益 $\bar{R}(20)=40$，边际收益 $R'(20)=30$.

(2) 当销售量从 20 个单位增加到 28 个单位时收益的平均变化率为

$$\frac{\Delta R}{\Delta Q} = \frac{R(28)-R(20)}{28-20} = 26. \qquad\qquad \square$$

3. 边际利润

总利润函数 $L=L(Q)$ 的导数

$$L'(Q) = \lim_{\Delta Q \to 0} \frac{\Delta L}{\Delta Q} = \lim_{\Delta Q \to 0} \frac{L(Q+\Delta Q)-L(Q)}{\Delta Q},$$

称为**边际利润**. 它（近似地）表示：已经销售了 Q 单位产品时，再销售一个单位产品时增加（或减少）的利润.

总利润 $L(Q)$ 是总收益 $R(Q)$ 与总成本 $C(Q)$ 之差，即 $L(Q)=R(Q)-C(Q)$，则边际利润为

$$L'(Q) = R'(Q) - C'(Q),$$

即边际利润是边际收益与边际成本之差. 若令 $L'(Q)=0$，则 $R'(Q)=C'(Q)$，这说明产品取得最大利润的必要条件是边际收益等于边际成本.

例 3.9.3 某企业生产某产品的固定成本为 60 000 元，可变成本为 20 元/件，价格函数为 $P=60-\dfrac{Q}{1\,000}$，其中 P 是价格（单位：元），Q 是销售量

（单位:件）.已知产销平衡,求:(1) 该产品的边际利润;(2) 当 $P=50$ 时的边际利润,并解释其经济意义;(3) 求利润最大时的定价 P.

解 由 $P=60-\dfrac{Q}{1\,000}$ 得,总成本函数

$$C(Q)=60\,000+20Q,$$

总收益函数

$$R(Q)=PQ=60Q-\frac{Q^2}{1\,000},$$

总利润函数

$$L(Q)=R(Q)-C(Q)=-\frac{Q^2}{1\,000}+40Q-60\,000.$$

(1) 边际利润 $L'(Q)=-\dfrac{Q}{500}+40$.

(2) 由 $P=60-\dfrac{Q}{1\,000}$ 得 $Q=1\,000(60-P)$,故当 $P=50$ 时,$Q=10\,000$.

边际利润 $L'(10\,000)=\left(-\dfrac{Q}{500}+40\right)\Big|_{Q=10\,000}=20$. 经济意义为:已经销售了 $10\,000$ 件产品时,若再销售 1 件产品,则利润增加 20 元.

(3) 令 $L'(Q)=-\dfrac{Q}{500}+40=0$,得驻点 $Q=20\,000$. 又 $L''(20\,000)=-\dfrac{1}{500}<0$,所以 $L(20\,000)=340\,000$ 为极大值,也是最大值,此时 $P=60-\dfrac{20\,000}{1\,000}=40$. 即价格为 40 元时利润最大.

□

例 3.9.4 某商品的需求函数 $Q=200-2P$,P 为产品价格(单位:元),Q 为产品产量(单位:吨).总成本函数 $C(Q)=500+20Q$,试求产量 Q 为 50 吨、80 吨和 100 吨时的边际利润,并说明其经济意义.

解 总利润函数为

$$L(Q) = R(Q) - C(Q) = P(Q) \cdot Q - C(Q) = 80Q - \frac{1}{2}Q^2 - 500,$$

故得边际利润为 $L'(Q) = 80 - Q$，则 $L'(50) = (80 - Q)|_{Q=50} = 30, L'(80) = 0,$
$L'(100) = -20.$

上述结果的经济意义分别为：$L'(50) = 30$ 表明当产量为 50 吨时，再多生产 1 吨，总利润增加 30 元；$L'(80) = 0$ 表明当产量为 80 吨时，再多生产 1 吨，总利润不变；$L'(100) = -20$ 表明当产量为 100 吨时，再多生产 1 吨，总利润减少 20 元. □

*3.9.2 弹性分析

设 $y = f(x)$，称 $\Delta y = f(x + \Delta x) - f(x)$ 为函数 $f(x)$ 在 x 处的绝对改变量，Δx 称为自变量在点 x 处的绝对改变量. 绝对改变量在原来量值中的百分比称为相对改变量. 例如，$\dfrac{\Delta y}{y} = \dfrac{f(x + \Delta x) - f(x)}{f(x)}$ 称为函数 $f(x)$ 在点 x 处的相对改变量，$\dfrac{\Delta x}{x}$ 称为自变量在点 x 处的相对改变量.

在边际分析中，所讨论函数的改变量与函数的变化率是绝对改变量与绝对变化率. 在实践中我们体会到，仅研究函数的绝对改变量与绝对变化率是不够的. 例如，冰箱和猪肉的单价分别为 3 000 元和 15 元，它们各涨价 15 元，尽管绝对改变量一样，但它们对经济和社会的影响却有巨大差异. 前者价格增加 15 元我们也许感受不到，但后者增加 15 元却对经济有巨大冲击. 原因在于两者涨价的百分比有很大差别，冰箱涨了 0.5%，而猪肉却涨了 100%. 因此，我们还有必要研究函数的相对改变量和相对变化率.

定义 3.9.2 设函数 $y = f(x)$ 在点 x 处可导，函数的相对改变量 $\dfrac{\Delta y}{y} =$

$\dfrac{f(x + \Delta x) - f(x)}{f(x)}$ 与自变量的相对改变量 $\dfrac{\Delta x}{x}$ 之比 $\dfrac{\dfrac{\Delta y}{y}}{\dfrac{\Delta x}{x}} = \dfrac{x \Delta y}{y \Delta x}$ 称为函数 $y =$

$f(x)$ 从 x 到 $x+\Delta x$ 的相对变化率,称极限

$$\lim_{\Delta x \to 0} \frac{x\Delta y}{y\Delta x} = x\frac{f'(x)}{f(x)},$$

为 $f(x)$ 在点 x 处的相对变化率或相对导数,通常称为 $f(x)$ 在点 x 处的**弹性**,记为 $\dfrac{Ey}{Ex}$,即

$$\frac{Ey}{Ex} = \lim_{\Delta x \to 0} \frac{\dfrac{\Delta y}{y}}{\dfrac{\Delta x}{x}} = x\frac{f'(x)}{f(x)}.$$

若取 $\dfrac{\Delta x}{x}=1\%$,由 $x\dfrac{f'(x)}{f(x)} \approx \dfrac{\dfrac{\Delta y}{y}}{\dfrac{\Delta x}{x}}$ 知

$$\frac{\Delta y}{y} \approx x\frac{f'(x)}{f(x)} \cdot \frac{\Delta x}{x} = \frac{Ey}{Ex}\%,$$

所以函数 $y=f(x)$ 在点 x 的弹性可解释为:当自变量的相对改变量 $\dfrac{\Delta x}{x}$ 为 1% 时,函数的相对改变量 $\dfrac{\Delta y}{y}$ 为 $\dfrac{Ey}{Ex}\%$.

例 3.9.5 求幂函数 $y=x^\alpha$(α 为常数)的弹性函数.

解 由 $y'=\alpha x^{\alpha-1}$ 知,

$$\frac{Ey}{Ex} = x\frac{y'}{y} = \alpha,$$

可见,幂函数的弹性函数为常数,即任意点的弹性相同,称为不变弹性函数. □

在定义 3.9.2 中,若函数为需求函数 $Q=Q(P)$,此时的弹性为需求对价格的弹性.

定义 3.9.3 设某商品的需求函数 $Q=Q(P)$ 可导,称极限

$$\lim_{\Delta P \to 0} -\frac{\dfrac{\Delta Q}{Q}}{\dfrac{\Delta P}{P}} = -P\frac{Q'(P)}{Q(P)}$$

为该商品在点 P 处的需求弹性或需求弹性函数,记作

$$\eta = \eta(P) = -P\frac{Q'(P)}{Q(P)}.$$

注 由于 $Q=Q(P)$ 为单调递减函数,ΔP 与 ΔQ 异号,P 与 Q 为正数,故 $\dfrac{\dfrac{\Delta Q}{Q}}{\dfrac{\Delta P}{P}}$ 与 $P\dfrac{Q'(P)}{Q(P)}$ 均为非正数. 为了用正数表示需求弹性,在定义 3.9.3 中加了负号. 需求弹性表示价格为 P 时,价格上涨 1%,需求将减少 η%.

需求弹性主要用于衡量需求函数对价格变化的敏感度. 若某商品的需求弹性 $\eta>1$,则该商品的需求量对价格富有弹性,即价格变化将引起需求量的较大变化. 若 $\eta=1$,则称该商品在价格水平 P 下具有单位弹性,其价格上涨的百分数与需求下降的百分数相同. 若 $\eta<1$,则称该商品的需求量对价格缺乏弹性,价格变化只能引起需求量的微小变化.

例 3.9.6 已知某商品的需求函数为 $Q=200-2P^2$,求:(1) 需求弹性 $\eta(P)$;(2) $\eta(4)$ 和 $\eta(8)$,并说明其经济意义.

解 (1) 由定义 3.9.3 知

$$\eta(P) = -P\frac{Q'(P)}{Q(P)} = -P\frac{-4P}{200-2P^2} = \frac{2P^2}{100-P^2}.$$

(2) $\eta(4) = \dfrac{2P^2}{100-P^2}\Big|_{P=4} = \dfrac{8}{21}$,它表示当 $P=4$ 时,价格上涨 1%,需求量将减少 $\dfrac{8}{21}$%.

$$\eta(8) = \frac{2P^2}{100-P^2}\bigg|_{P=8} = \frac{32}{9},$$ 它表示当 $P=8$ 时, 价格上涨 1%, 需求量将减

少 $\frac{32}{9}\%.$ 　　　　　　　　　　　　　　　　　　　　□

习　题　3.9

A 组

1. 设某厂每月生产产品的固定成本为 $1\,000$ 元, 生产 Q 单位产品的可变成本为 $0.01Q^2+10Q$ (元), 如果每单位产品的售价为 30 元, 试求: 边际成本、利润函数及边际利润为 0 的产量.

2. 已知某厂商的总成本函数 $C=Q^2+50Q+10\,000$, 试求: (1) 平均成本最低时的产出水平与最低平均水平; (2) 平均成本最低时的边际成本.

3. 某企业生产一种产品, 每天的利润 $L(Q)$ (元) 与产量 Q (吨) 之间的关系为 $L(Q)=100Q-2Q^2$,

(1) 求 Q 分别为 $25,30$ 时的边际利润, 并解释所得结果的经济意义;

(2) 求每天生产多少吨时利润达到最大?

4. 设某种产品需求量 Q 对价格 P 的函数关系为 $Q=f(P)=16\,000\left(\dfrac{1}{4}\right)^P$,

求需求 Q 对价格 P 的弹性函数, 并求 $P=8$ 时的需求弹性.

5. 某商品的需求函数为 $Q=45-P^2$,

(1) 求当 $P=3$ 与 $P=5$ 时的边际需求与需求弹性;

(2) P 为多少时, 收益最大?

6. 求下列函数的弹性: (其中 k,a 为常数)

(1) $y=kx^a$;　　　　(2) $y=\mathrm{e}^{kx}$;

(3) $y=4-\sqrt{x}$;　　　(4) $y=10\sqrt{9-x}$.

7. 设成本 C 关于产量 Q 的函数 $C(Q) = 400 + 3Q + \frac{1}{2}Q^2$，需求量关于 P 的函数 $P = 100Q^{-\frac{1}{2}}$，求：边际成本、边际收益及边际利润.

8. 某服装厂为卖出 x 套衣服，其价格应定为 $P = 150 - 0.5x$，同时还确定，生产 x 套服装的总成本为 $C(x) = 4\,000 + 0.25x^2$.

(1) 求总收入 $R(x)$；

(2) 求总利润 $L(x)$；

(3) 为使利润最大化，需生产并销售多少套服装？此时服装的定价是多少？

B 组

1. 某商家销售某种商品的价格满足关系 $P = 7 - 0.2Q$（单位：万元/件），Q 为销售量（单位：件），商品的成本函数是 $C = 3Q + 1$（单位：万元）.

(1) 若每销售一件商品，政府要征税 t 万元，求该商家获得最大利润时的销售量；

(2) 当 t 取何值时，政府税收总额最大？

2. 设某商品的需求量 Q 是价格 P 的单调递减函数：$Q = Q(P)$，其需求弹性

$$\eta = \frac{2P^2}{192 - P^2} > 0,$$

(1) 设 R 为总收益函数，证明 $\dfrac{\mathrm{d}R}{\mathrm{d}P} = Q(1 - \eta)$；

(2) 求 $P = 6$ 时，总收益对价格的弹性.

3. 设商品的需求函数为可导函数 $Q = Q(P)$，收益函数 $R = R(P) = P \cdot Q(P)$，证明 $\dfrac{EQ}{EP} + \dfrac{ER}{EP} = 1$.

第 4 章　一元函数积分学

4.1　不定积分

4.1.1　原函数与不定积分

一、原函数与不定积分的概念

我们先引入关于原函数的概念.

定义 4.1.1　设函数 $f(x)$ 在某区间 I 上定义,若存在函数 $F(x)$,使得

$$F'(x) = f(x), x \in I.$$

则称 $F(x)$ 为 $f(x)$ 在区间 I 上的一个**原函数**.

例如:因 $(x^3)' = 3x^2$,故 x^3 是 $3x^2$ 在区间 $(-\infty, +\infty)$ 上的一个原函数;因 $(\sin x)' = \cos x$,故 $\sin x$ 是 $\cos x$ 在区间 $(-\infty, +\infty)$ 上的一个原函数,又 $(\sin x + C)' = \cos x$,故 $\sin x + C$ 也是 $\cos x$ 的一个原函数,其中 C 是任意常数,即 $\cos x$ 的原函数有无穷多个.

设 $F(x)$ 与 $G(x)$ 都是 $f(x)$ 的原函数,则 $(G(x) - F(x))' = 0, G(x) - F(x) = C$. 就是说函数的原函数之间只差一个常数.

由此,若 $F(x)$ 是 $f(x)$ 的一个原函数,那么 $F(x) + C$ 表示 $f(x)$ 的全体原函数(其中 C 为任意常数).

定义 4.1.2　设函数 $f(x)$ 在某区间 I 上定义,$f(x)$ 的全体原函数称为 $f(x)$ 的**不定积分**,记为

$$\int f(x)\mathrm{d}x.$$

由上讨论知,若 $F(x)$ 是 $f(x)$ 的某一个原函数,则

$$\int f(x)\mathrm{d}x = F(x)+C,$$

这里 C 为任意常数,称为**积分常数**,我们把符号 $\int$ 称为**积分号**,$f(x)$ 称为**被积函数**,$f(x)\mathrm{d}x$ 称为**被积表达式**,x 称为**积分变量**.

由定义知,要求函数 $f(x)$ 的不定积分,只要求出 $f(x)$ 的一个原函数,再加上任意常数 C 即可.

例 4.1.1 求 $\int\cos x\mathrm{d}x$.

解 因 $\sin x$ 是 $\cos x$ 的一个原函数,故

$$\int\cos x\mathrm{d}x = \sin x+C. \qquad\qquad \square$$

例 4.1.2 求 $\int x^5\mathrm{d}x$.

解 因 $\left(\dfrac{1}{6}x^6\right)' = x^5$,故 $\dfrac{1}{6}x^6$ 是 x^5 的一个原函数,于是

$$\int x^5\mathrm{d}x = \frac{1}{6}x^6+C. \qquad\qquad \square$$

二、不定积分的几何意义

若 $F(x)$ 是 $f(x)$ 的某一个原函数,则称 $y=F(x)$ 的图像为 $f(x)$ 的一条积分曲线,而 $y=F(x)+C$ 的图像是由 $y=F(x)$ 的图像沿 y 轴上下平移得到的,它表示 $f(x)$ 的积分曲线族. 因此,$f(x)$ 的不定积分在几何上就表示这一曲线族,显然,这一族曲线上横坐标相同点处的切线是互相平行的(见图 4.1).

例 4.1.3 求通过点 $(1,3)$,且在点 x 处切线的斜率为 $2x$ 的曲线方程.

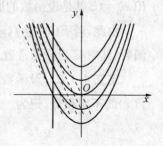

图 4.1

解　设所求曲线方程为 $y = f(x)$. 由题意，$f'(x) = 2x$，又 x^2 是 $2x$ 的一个原函数，于是

$$\int 2x \, dx = x^2 + C,$$

其中 C 是任意常数，即切线斜率等于 $2x$ 的曲线必可表成

$$y = x^2 + C$$

的形式. 因所求曲线通过点 $(1, 3)$，以 $x = 1, y = 3$ 代入上式得 $C = 2$.
故所求曲线方程为

$$y = x^2 + 2.$$

三、不定积分的性质

性质 1　$\left[\int f(x) \, dx \right]' = f(x)$　或　$d\left[\int f(x) \, dx \right] = f(x) \, dx.$

$$\int f'(x) \, dx = f(x) + C　或　\int df(x) = f(x) + C.$$

证　设 $F'(x) = f(x)$，则

$$\int f(x) \, dx = F(x) + C.$$

两边求导得

$$\left[\int f(x) \, dx \right]' = [F(x) + C]' = f(x).$$

该性质表明不定积分运算与求导或求微分运算互为逆运算，由此可见，若先积分后求导则还原，先求导后积分则抵消后多出一个任意常数项.

性质 2　$\int k f(x) \, dx = k \int f(x) \, dx$，这里 k 为非零常数.

性质 3　$\int (f(x) \pm g(x)) \, dx = \int f(x) \, dx \pm \int g(x) \, dx.$

四、基本积分公式与直接积分法

由于不定积分运算与求导运算互为逆运算,从而由导数公式表,我们有下述基本积分公式表:

(1) $\int k \mathrm{d}x = kx + C (k$ 是常数$)$;

(2) $\int x^{\mu} \mathrm{d}x = \dfrac{x^{\mu+1}}{\mu+1} + C, \mu \neq -1$;

(3) $\int \dfrac{1}{x} \mathrm{d}x = \ln |x| + C$;

(4) $\int a^{x} \mathrm{d}x = \dfrac{a^{x}}{\ln a} + C (a > 0, a \neq 1), \int \mathrm{e}^{x} \mathrm{d}x = \mathrm{e}^{x} + C$;

(5) $\int \sin x \mathrm{d}x = -\cos x + C$;

(6) $\int \cos x \mathrm{d}x = \sin x + C$;

(7) $\int \dfrac{\mathrm{d}x}{\cos^{2} x} = \int \sec^{2} x \mathrm{d}x = \tan x + C$;

(8) $\int \dfrac{\mathrm{d}x}{\sin^{2} x} = \int \csc^{2} x \mathrm{d}x = -\cot x + C$;

(9) $\int \dfrac{\mathrm{d}x}{\sqrt{1-x^{2}}} = \arcsin x + C \overset{\text{或}}{=} -\arccos x + C$;

(10) $\int \dfrac{\mathrm{d}x}{1+x^{2}} = \arctan x + C \overset{\text{或}}{=} -\operatorname{arccot} x + C$.

利用基本积分公式及不定积分的性质可以直接求出一些简单函数的不定积分,此种方法称为**直接积分法**.

例 4.1.4 求 $\int \dfrac{1}{x^{2}} \mathrm{d}x$.

解 $\int \dfrac{1}{x^{2}} \mathrm{d}x = \int x^{-2} \mathrm{d}x = \dfrac{x^{-2+1}}{-2+1} + C = -\dfrac{1}{x} + C.$ □

例 4.1.5 求 $\int \dfrac{1}{\sqrt{x}} \mathrm{d}x$.

解 $\int \dfrac{1}{\sqrt{x}} \mathrm{d}x = \int x^{-\frac{1}{2}} \mathrm{d}x = \dfrac{x^{-\frac{1}{2}+1}}{-\dfrac{1}{2}+1} + C = 2\sqrt{x} + C.$ □

例 4.1.6 求 $\int \left(\dfrac{1}{\sqrt{x}} + \dfrac{2}{x^2} + \mathrm{e}^x \right) \mathrm{d}x$.

解 $\int \left(\dfrac{1}{\sqrt{x}} + \dfrac{2}{x^2} + \mathrm{e}^x \right) \mathrm{d}x = \int \dfrac{1}{\sqrt{x}} \mathrm{d}x + \int \dfrac{2}{x^2} \mathrm{d}x + \int \mathrm{e}^x \mathrm{d}x$

$$= 2\sqrt{x} - \dfrac{2}{x} + \mathrm{e}^x + C. \qquad \square$$

例 4.1.7 求 $I = \int \dfrac{(1+x)^2}{\sqrt{x}} \mathrm{d}x$.

解 $I = \int \dfrac{1+2x+x^2}{\sqrt{x}} \mathrm{d}x = \int \left(\dfrac{1}{\sqrt{x}} + 2\sqrt{x} + x^{\frac{3}{2}} \right) \mathrm{d}x$

$$= 2\sqrt{x} + \dfrac{4}{3} x^{\frac{3}{2}} + \dfrac{2}{5} x^{\frac{5}{2}} + C. \qquad \square$$

例 4.1.8 求 $I = \int \dfrac{2x^2}{1+x^2} \mathrm{d}x$.

解 $I = 2\int \dfrac{x^2+1-1}{1+x^2} \mathrm{d}x = 2\int \left(1 - \dfrac{1}{1+x^2} \right) \mathrm{d}x = 2(x - \arctan x) + C.$

□

例 4.1.9 求 $\int 2\cos^2 \dfrac{x}{2} \mathrm{d}x$.

解 $\int 2\cos^2 \dfrac{x}{2} \mathrm{d}x = \int (1 + \cos x) \mathrm{d}x = x + \sin x + C.$ □

4.1.2 换元积分法

利用直接积分法只能求解一些简单函数的不定积分,因此有必要寻找其他方法解决更多函数的不定积分问题,本节中我们先讨论最基本的一种计算方法——换元积分法,它是通过适当的变量代换,将所求积分化成基本积分表中的积分.

一、第一类换元积分法

首先我们讨论一下如何计算 $\int \cos 2x \mathrm{d}x$? 由于被积函数是复合函数,不能直接使用基本积分公式求解,但可将被积表达式改写为:

$$\int \cos 2x \mathrm{d}x = \frac{1}{2} \int 2\cos 2x \mathrm{d}x = \frac{1}{2} \int \cos 2x \mathrm{d}(2x),$$

令 $u=2x$,则

$$\int \cos 2x \mathrm{d}x = \frac{1}{2} \int \cos u \mathrm{d}u,$$

再利用基本积分公式,得

$$\int \cos 2x \mathrm{d}x = \frac{1}{2} \int \cos u \mathrm{d}u = \frac{1}{2} \sin u + C = \frac{1}{2} \sin 2x + C.$$

由此,可归纳出一般的**第一类换元积分法**.

如果不定积分 $\int f(x) \mathrm{d}x$ 用直接积分法不易求,但被积函数可分解为

$$f(x) = g[\varphi(x)]\varphi'(x),$$

作变量代换 $u=\varphi(x)$,注意到 $\varphi'(x)\mathrm{d}x = \mathrm{d}\varphi(x)$,则可将积分转化为

$$\int g[\varphi(x)]\varphi'(x)\mathrm{d}x = \int g(u)\mathrm{d}u,$$

若 $\int g(u)\mathrm{d}u$ 可求,便解决了 $\int f(x)\mathrm{d}x$ 的计算问题.

定理 4.1.1 (第一类换元积分法)设 $\int g(u)\mathrm{d}u = F(u) + C, u = \varphi(x)$ 有连续导数,则

$$\int f(x)\mathrm{d}x = \int g[\varphi(x)]\varphi'(x)\mathrm{d}x = \int g(u)\mathrm{d}u = F(u) + C = F[\varphi(x)] + C.$$

$$(4.1.1)$$

(4.1.1)式是换元积分法的基本公式.

运用第一类换元积分法求不定积分的关键是将"d"后面的形式与 $g[\varphi(x)]$ 括号里的形式凑成一样的,因此也叫**凑微分法**,就其本质而言,是复合函数求导的逆过程,一般来说要比复合函数求导困难一些,需掌握一些常见的拼凑技巧.

例 4.1.10　求 $\int (2x+1)^2\mathrm{d}x$.

解　设 $u=2x+1$,则 $\mathrm{d}u=2\mathrm{d}x$,故由(4.1.1)式得

$$\int (2x+1)^2\mathrm{d}x = \frac{1}{2}\int (2x+1)^2\mathrm{d}(2x+1) = \frac{1}{2}\int u^2\mathrm{d}u$$

$$= \frac{1}{6}u^3 + C = \frac{1}{6}(2x+1)^3 + C.$$

实际计算时,我们可简写成:

$$\int (2x+1)^2\mathrm{d}x = \frac{1}{2}\int (2x+1)^2\mathrm{d}(2x+1) = \frac{1}{6}(2x+1)^3 + C. \qquad \square$$

在上述计算过程中,先把 $\mathrm{d}x$ 换成 $\frac{1}{2}\mathrm{d}(2x+1)$,然后把积分式中 $2x+1$ 看作为新的变量 u,利用幂函数的积分公式写出它的不定积分,而在全过程中可不必写出新的变量 u.

例 4.1.11　求 $\int x\mathrm{e}^{x^2}\mathrm{d}x$.

解　原式 $= \frac{1}{2}\int \mathrm{e}^{x^2}\mathrm{d}(x^2) = \frac{1}{2}\mathrm{e}^{x^2} + C.$ \qquad $\square$

例 4.1.12　求 $\int \tan x\mathrm{d}x$.

解   原式 $= \int \dfrac{\sin x}{\cos x} \mathrm{d}x = -\int \dfrac{\mathrm{d}\cos x}{\cos x} = -\ln|\cos x| + C.$ □

同理可得，$\int \cot x \mathrm{d}x = \ln|\sin x| + C.$

例 4.1.13   求 $\int \dfrac{\cos\sqrt{x}}{\sqrt{x}} \mathrm{d}x.$

解   原式 $= \int \cos\sqrt{x}\, \mathrm{d}(2\sqrt{x}) = 2\sin\sqrt{x} + C.$ □

例 4.1.14   求 $\int \dfrac{1}{a^2 - x^2} \mathrm{d}x.$

解   原式 $= \int \dfrac{1}{(a+x)(a-x)} \mathrm{d}x = \dfrac{1}{2a} \int \left(\dfrac{1}{a+x} + \dfrac{1}{a-x} \right) \mathrm{d}x$

$\qquad = \dfrac{1}{2a} \left(\int \dfrac{1}{a+x} \mathrm{d}x + \int \dfrac{1}{a-x} \mathrm{d}x \right)$

$\qquad = \dfrac{1}{2a} \left(\int \dfrac{1}{a+x} \mathrm{d}(a+x) - \int \dfrac{1}{a-x} \mathrm{d}(a-x) \right)$

$\qquad = \dfrac{1}{2a} (\ln|a+x| - \ln|a-x|) + C = \dfrac{1}{2a} \ln \left| \dfrac{a+x}{a-x} \right| + C.$

□

例 4.1.15   求 $\int \dfrac{1}{a^2 + x^2} \mathrm{d}x.$

解   原式 $= \dfrac{1}{a^2} \int \dfrac{1}{1 + \left(\dfrac{x}{a} \right)^2} \mathrm{d}x = \dfrac{1}{a} \int \dfrac{1}{1 + \left(\dfrac{x}{a} \right)^2} \mathrm{d}\left(\dfrac{x}{a} \right)$

$\qquad = \dfrac{1}{a} \arctan\left(\dfrac{x}{a} \right) + C.$ □

例 4.1.16   求 $\int \dfrac{\mathrm{d}x}{\sqrt{a^2 - x^2}} \quad (a > 0).$

解　原式 $= \displaystyle\int \dfrac{1}{a\sqrt{1-\left(\dfrac{x}{a}\right)^2}}\mathrm{d}x = \int \dfrac{1}{\sqrt{1-\left(\dfrac{x}{a}\right)^2}}\mathrm{d}\left(\dfrac{x}{a}\right)$

$= \arcsin\left(\dfrac{x}{a}\right) + C.$ ☐

例 4.1.17　求 $I = \displaystyle\int \csc x\,\mathrm{d}x.$

解　$I = \displaystyle\int \dfrac{\mathrm{d}x}{\sin x} = \int \dfrac{\mathrm{d}x}{2\sin\dfrac{x}{2}\cos\dfrac{x}{2}} = \int \dfrac{\mathrm{d}\left(\dfrac{x}{2}\right)}{\tan\dfrac{x}{2}\cos^2\dfrac{x}{2}} = \int \dfrac{\mathrm{d}\tan\dfrac{x}{2}}{\tan\dfrac{x}{2}}$

$= \ln\left|\tan\dfrac{x}{2}\right| + C = \ln\left|\dfrac{\sin\dfrac{x}{2}}{\cos\dfrac{x}{2}}\right| + C = \ln\left|\dfrac{\sin^2\dfrac{x}{2}}{\cos\dfrac{x}{2}\sin\dfrac{x}{2}}\right| + C$

$= \ln\left|\dfrac{1-\cos x}{\sin x}\right| + C$

$= \ln|\csc x - \cot x| + C.$ ☐

利用上例可得，

$$\int \sec x\,\mathrm{d}x = \int \dfrac{1}{\cos x}\mathrm{d}x = \int \dfrac{\mathrm{d}\left(x+\dfrac{\pi}{2}\right)}{\sin\left(x+\dfrac{\pi}{2}\right)}$$

$$= \ln\left|\csc\left(x+\dfrac{\pi}{2}\right) - \cot\left(x+\dfrac{\pi}{2}\right)\right| + C$$

$$= \ln|\sec x + \tan x| + C.$$

二、第二类换元积分法

第一类换元积分法是通过变换 $u = \varphi(x)$ 将 $\displaystyle\int g[\varphi(x)]\varphi'(x)\,\mathrm{d}x$ 化为

$\displaystyle\int g(u)\,\mathrm{d}u$，进而求得不定积分，第二类换元法则是通过反变换 $x = \varphi(t)$ 将

$\int f(x)\mathrm{d}x$ 化为 $\int f[\varphi(t)]\varphi'(t)\mathrm{d}t$ 进而求得不定积分.

定理 4.1.2 （第二类换元积分法）设 $x=\varphi(t)$ 是单调、连续可导的函数，且 $\varphi'(t)\neq 0$，又 $f[\varphi(t)]\varphi'(t)$ 存在原函数 $F(t)$，则

$$\int f(x)\mathrm{d}x = \int f[\varphi(t)]\varphi'(t)\mathrm{d}t = F(t)+C = F[\varphi^{-1}(x)]+C.$$

$$(4.1.2)$$

其中 $t=\varphi^{-1}(x)$ 为 $x=\varphi(t)$ 的反函数.

利用此法求积分的关键是对变量代换 $x=\varphi(t)$ 的选择，选择恰当可使运算简化易求，常用的有简单无理函数代换、三角函数代换、倒代换.

1. 简单无理函数代换

当被积函数中含简单根式 $\sqrt[n]{ax+b}$ 时，可直接令其为 t，再解出 x 为 t 的有理函数 $\varphi(t)$，从而化去被积函数中的 n 次根式.

例 4.1.18 求 $\displaystyle\int \frac{\mathrm{d}x}{1+\sqrt{x}}$.

解 为了去掉被积函数中的根式，令 $\sqrt{x}=t$，即 $x=t^2\,(t\geqslant 0)$，则 $\mathrm{d}x=2t\mathrm{d}t$，于是

$$\int \frac{\mathrm{d}x}{1+\sqrt{x}} = \int \frac{2t}{1+t}\mathrm{d}t = 2\int \frac{t+1-1}{1+t}\mathrm{d}t = 2\left(\int \mathrm{d}t - \int \frac{1}{1+t}\mathrm{d}t\right)$$

$$= 2(t-\ln|1+t|)+C = 2(\sqrt{x}-\ln|1+\sqrt{x}|)+C. \qquad \square$$

例 4.1.19 求 $\displaystyle\int \frac{\mathrm{d}x}{3+\sqrt[3]{2x+1}}$.

解 令 $t=\sqrt[3]{2x+1}$，则 $x=\dfrac{1}{2}(t^3-1)$，$\mathrm{d}x=\dfrac{3}{2}t^2\mathrm{d}t$.

$$原式 = \frac{3}{2}\int \frac{t^2}{t+3}\mathrm{d}t = \frac{3}{2}\int\left(t-3+\frac{9}{t+3}\right)\mathrm{d}t$$

$$= \frac{3}{2}\left(\frac{t^2}{2} - 3t + 9\ln|t+3|\right) + C$$

$$= \frac{3}{4}t^2 - \frac{9}{2}t + \frac{27}{2}\ln|t+3| + C$$

$$= \frac{3}{4}(2x+1)^{\frac{2}{3}} - \frac{9}{2}(2x+1)^{\frac{1}{3}} + \frac{27}{2}\ln|(2x+1)^{\frac{1}{3}}+3| + C. \quad \square$$

2. 三角函数代换

若被积函数中含有形如 $\sqrt{a^2-x^2}$，$\sqrt{x^2+a^2}$，$\sqrt{x^2-a^2}$ 的二次根式，为化去根式，通常采用如下三角代换(图 4.2、图 4.3、图 4.4)：

含 $\sqrt{a^2-x^2}$ 时，令 $x = a\sin t$，$-\dfrac{\pi}{2} \leqslant t \leqslant \dfrac{\pi}{2}$，则 $\sqrt{a^2-x^2} = a\cos t$，$\mathrm{d}x = a\cos t\,\mathrm{d}t$；

含 $\sqrt{x^2+a^2}$ 时，令 $x = a\tan t$，$-\dfrac{\pi}{2} < t < \dfrac{\pi}{2}$，则 $\sqrt{x^2+a^2} = a\sec t$，$\mathrm{d}x = a\sec^2 t\,\mathrm{d}t$；

含 $\sqrt{x^2-a^2}$ 时，令 $x = a\sec t$，$0 < t < \dfrac{\pi}{2}$，则 $\sqrt{x^2-a^2} = a\tan t$，$\mathrm{d}x = a\sec t\,\tan t\,\mathrm{d}t$.

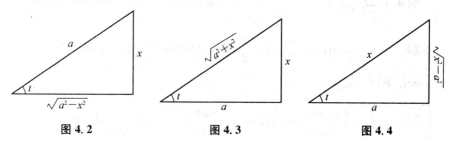

图 4.2　　　　　　图 4.3　　　　　　图 4.4

例 4.1.20　求 $I = \displaystyle\int \sqrt{a^2-x^2}\,\mathrm{d}x \, (a > 0)$.

解　令 $x = a\sin t$，$-\dfrac{\pi}{2} \leqslant t \leqslant \dfrac{\pi}{2}$，则 $\mathrm{d}x = a\cos t\,\mathrm{d}t$，$\sqrt{a^2-x^2} = a\cos t$. 所以

$$I = \int a\cos t \cdot a\cos t\,\mathrm{d}t = a^2\int \cos^2 t\,\mathrm{d}t$$

$$=a^2 \int \frac{1+\cos 2t}{2} \mathrm{d}t = \frac{a^2}{2}\int \mathrm{d}t + \frac{a^2}{4}\int \cos 2t \mathrm{d}(2t)$$

$$= \frac{a^2}{2}t + \frac{a^2}{4}\sin 2t + C = \frac{a^2}{2}t + \frac{a^2}{2}\sin t \cos t + C$$

$$= \frac{a^2}{2}\arcsin \frac{x}{a} + \frac{x}{2}\sqrt{a^2-x^2} + C. \qquad \square$$

例 4.1.21   求 $I = \displaystyle\int \frac{1}{\sqrt{a^2+x^2}}\mathrm{d}x (a>0)$.

解   令 $x = a\tan t, -\dfrac{\pi}{2}<t<\dfrac{\pi}{2}$，则 $t = \arctan \dfrac{x}{a}, \mathrm{d}x = a\sec^2 t \mathrm{d}t, \sqrt{a^2+x^2} = a\sec t$. 于是

$$I = \int \frac{a\sec^2 t}{a\sec t}\mathrm{d}t = \int \sec t \mathrm{d}t = \ln|\sec t + \tan t| + C_1$$

$$= \ln\left|\frac{x}{a} + \frac{\sqrt{a^2+x^2}}{a}\right| + C_1 = \ln|x + \sqrt{a^2+x^2}| + C,$$

其中 $C = C_1 - \ln a$. $\qquad \square$

例 4.1.22   求 $I = \displaystyle\int \frac{x}{\sqrt{a^2+x^2}}\mathrm{d}x(a>0)$.

解   令 $x = a\tan t, -\dfrac{\pi}{2}<t<\dfrac{\pi}{2}$，则 $t = \arctan \dfrac{x}{a}, \mathrm{d}x = a\sec^2 t \mathrm{d}t, \sqrt{a^2+x^2} = a\sec t$. 于是

$$I = \int \frac{a\tan t}{a\sec t}a\sec^2 t \mathrm{d}t = a\int \frac{\sin t}{\cos^2 t}\mathrm{d}t = -a\int \frac{1}{\cos^2 t}\mathrm{d}\cos t$$

$$= \frac{a}{\cos t} + C = \sqrt{a^2+x^2} + C.$$

本题也可采用凑微分法，更简便.

$$I = \frac{1}{2}\int \frac{1}{\sqrt{a^2+x^2}}\mathrm{d}(x^2+a^2) = \sqrt{a^2+x^2} + C. \qquad \square$$

3. 倒代换

若被积函数的分母含有 x 的高次幂,施行倒代换可以降低分母的幂次,简化积分.

例 4.1.23 求 $I = \int \dfrac{1}{x(x^7 + 2)} dx$.

解 令 $x = \dfrac{1}{t}$,则 $dx = -\dfrac{1}{t^2} dt$,

$$原式 = \int \frac{t}{\dfrac{1}{t^7} + 2}\left(-\frac{1}{t^2}\right) dt = -\int \frac{t^6}{1 + 2t^7} dt$$

$$= -\frac{1}{14}\int \frac{1}{1 + 2t^7} d(1 + 2t^7) = -\frac{1}{14}\ln|1 + 2t^7| + C$$

$$= -\frac{1}{14}\ln|2 + x^7| + \frac{1}{2}\ln|x| + C. \qquad \square$$

在本节例子中有些积分是以后经常遇到的,所以可以作为公式使用. 在此,我们补充几个常用的积分公式:

(1) $\displaystyle\int \tan x\, dx = -\ln|\cos x| + C$;

(2) $\displaystyle\int \cot x\, dx = \ln|\sin x| + C$;

(3) $\displaystyle\int \sec x\, dx = \ln|\sec x + \tan x| + C$;

(4) $\displaystyle\int \csc x\, dx = \ln|\csc x - \cot x| + C$;

(5) $\displaystyle\int \frac{1}{\sqrt{a^2 - x^2}} dx = \arcsin\left(\frac{x}{a}\right) + C$;

(6) $\displaystyle\int \frac{1}{a^2 + x^2} dx = \frac{1}{a}\arctan\left(\frac{x}{a}\right) + C$;

(7) $\displaystyle\int \frac{1}{a^2 - x^2} dx = \frac{1}{2a}\ln\left|\frac{a + x}{a - x}\right| + C$;

$$(8) \int \frac{1}{\sqrt{a^2 + x^2}} \mathrm{d}x = \ln | x + \sqrt{a^2 + x^2} | + C. \quad (a > 0).$$

4.1.3 分部积分法

定理 4.1.3 （分部积分法）若 $u(x)$ 与 $v(x)$ 可导，且不定积分 $\int u'(x)v(x)\mathrm{d}x$ 存在，则 $\int u(x)v'(x)\mathrm{d}x$ 也存在，且

$$\int u(x)v'(x)\mathrm{d}x = \int u(x)\mathrm{d}v(x) = u(x)v(x) - \int v(x)\mathrm{d}u(x).$$

$$(4.1.3)$$

证 由 $\mathrm{d}[u(x)v(x)] = u(x)\mathrm{d}v(x) + v(x)\mathrm{d}u(x)$，得

$$u(x)\mathrm{d}v(x) = \mathrm{d}[u(x)v(x)] - v(x)\mathrm{d}u(x),$$

上式两端求不定积分，得

$$\int u(x)\mathrm{d}v(x) = u(x)v(x) - \int v(x)\mathrm{d}u(x). \qquad \square$$

(4.1.3)式称为**分部积分公式**，简写为

$$\int u\mathrm{d}v = uv - \int v\mathrm{d}u.$$

注 分部积分的主要思想是把不易求解的不定积分 $\int u\mathrm{d}v$ 化为可以求解的不定积分 $\int v\mathrm{d}u$. 如果选取不当，反而会使问题变得复杂，甚至不能求得问题的解. 那么，当两个函数相乘时，将哪个函数看作 u 呢？可利用优先法则"**反对幂指三**"（指反三角函数、对数函数、幂函数、指数函数、三角函数）进行选择，即当两个函数相乘时依据上述先后顺序，哪个函数在前哪个看作 u.

例 4.1.24 求 $\int x\mathrm{e}^x \mathrm{d}x$.

解 令 $u = x, \mathrm{d}v = \mathrm{e}^x \mathrm{d}x$，则 $v = \mathrm{e}^x$. 于是，

$$\int x e^x \, dx = \int x \, de^x = x e^x - \int e^x \, dx = x e^x - e^x + C.$$ □

这里幂函数 x 与指数函数 e^x 相乘,依据优先法则**"反对幂指三"**,选择 x 作为 u,而把 e^x 当作 v' 进行凑微分.

有些积分需连续应用多次分部积分公式.

例 4.1.25 求 $\int x^2 e^x \, dx$.

解 设 $u = x^2$, $v' = e^x$,则 $dv = e^x \, dx$, $v = e^x$. 于是,

$$\int x^2 e^x \, dx = \int x^2 \, de^x = x^2 e^x - \int e^x \, dx^2 = x^2 e^x - 2 \int x e^x \, dx$$

$$= x^2 e^x - 2 \int x \, de^x = x^2 e^x - 2 \left(x e^x - \int e^x \, dx \right)$$

$$= x^2 e^x - 2(x e^x - e^x) + C = (x^2 - 2x + 2) e^x + C.$$ □

例 4.1.26 求 $\int \arctan x \, dx$.

解 把 $\arctan x$ 看作 u, dx 看作 dv,则

$$\int \arctan x \, dx = x \arctan x - \int \frac{x}{1 + x^2} \, dx$$

$$= x \arctan x - \frac{1}{2} \int \frac{1}{1 + x^2} \, d(x^2 + 1)$$

$$= x \arctan x - \frac{1}{2} \ln(1 + x^2) + C.$$ □

例 4.1.27 求 $I = \int e^x \cos x \, dx$.

解 $I = \int e^x \cos x \, dx = \int \cos x \, de^x = e^x \cos x - \int e^x \, d\cos x$

$$= e^x \cos x + \int \sin x e^x \, dx = e^x \cos x + \int \sin x \, de^x$$

$$= e^x \cos x + e^x \sin x - \int e^x \, d\sin x = e^x \cos x + e^x \sin x - \int e^x \cos x \, dx$$

$$= e^x \cos x + e^x \sin x - I.$$

右端出现了不定积分 I，它就是原来要求的不定积分，因此将它移到左端并注意到不定积分中含有的任意常数，于是有

$$2I = e^x \sin x + e^x \cos x + 2C.$$

故

$$I = \frac{1}{2} e^x (\sin x + \cos x) + C. \qquad \square$$

4.1.4　有理函数的不定积分

一、有理真分式的分解

定义 4.1.3　称两个多项式的商

$$\frac{P(x)}{Q(x)} = \frac{a_0 + a_1 x + \cdots + a_n x^n}{b_0 + b_1 x + \cdots + b_m x^m}$$

为有理函数，其中 n, m 均为非负整数，$a_n, b_m \neq 0$，$P(x)$ 与 $Q(x)$ 没有一次或高于一次的公因式.

当 $n < m$ 时，$\dfrac{P(x)}{Q(x)}$ 称为**有理真分式**（简称**真分式**）；当 $n \geq m$ 时，$\dfrac{P(x)}{Q(x)}$ 称为**有理假分式**（简称**假分式**）.

利用多项式除法，可将一个假分式化成一个多项式与真分式之和. 因此，有理分式的积分可归结为求真分式的积分问题.

由代数理论，任何一个有理真分式均可表示成如下形式的分式之和：

$$\frac{A}{x-a}, \quad \frac{A}{(x-a)^k}, \quad \frac{Ax+B}{x^2+px+q}, \quad \frac{Ax+B}{(x^2+px+q)^k},$$

其中 $k = 2, 3, \cdots, A, B, a, p, q$ 为实常数，且 $p^2 - 4q < 0$.

以上四种类型的分式称为**最简分式**，把真分式表示成最简分式之和时，其中包含的最简分式称为真分式的**部分分式**.

为把真分式分解为部分分式之和,首先需将分式的分母 $Q(x)$ 分解因式.

(1) 若真分式的分母中含有因式 $(x-a)^k$,则和式中对应地含有如下 k 个部分分式之和:

$$\frac{A_1}{x-a}+\frac{A_2}{(x-a)^2}+\cdots+\frac{A_k}{(x-a)^k};$$

(2) 若真分式的分母中含有因式 $(x^2+px+q)^l$,则和式中对应地含有如下部分分式之和:

$$\frac{M_1x+N_1}{x^2+px+q}+\frac{M_2x+N_2}{(x^2+px+q)^2}+\cdots+\frac{M_lx+N_l}{(x^2+px+q)^l},$$

其中 $A_i(1\leqslant i\leqslant k)$,$M_j$,$N_j(1\leqslant j\leqslant l)$ 为待定常数.

例 4.1.28 将真分式 $\dfrac{2x-3}{x^3-2x^2+x}$ 分解成部分分式之和.

解 因分母 $Q(x)=x^3-2x^2+x=x(x-1)^2$,故可设

$$\frac{2x-3}{x^3-2x^2+x}=\frac{A}{x}+\frac{B}{x-1}+\frac{C}{(x-1)^2},$$

其中 A,B,C 为待定常数,可用如下两种方法求得:

方法一 等式两边同乘以 $x(x-1)^2$,得

$$2x-3=A(x-1)^2+Bx(x-1)+Cx.$$

即 $2x-3=(A+B)x^2+(-2A-B+C)x+A.$

于是,有

$$\begin{cases} A+B=0; \\ -2A-B+C=2; \\ A=-3. \end{cases}$$

从而解得 $A=-3,B=3,C=-1.$

故

$$\frac{2x-3}{x^3-2x^2+x}=-\frac{3}{x}+\frac{3}{x-1}-\frac{1}{(x-1)^2}.$$

方法二 在恒等式 $2x-3=A(x-1)^2+Bx(x-1)+Cx$ 两端代入特殊的 x 值,从而求出待定常数.

取 $x=0$,得 $A=-3$;

取 $x=1$,得 $C=-1$;

取 $x=2$,得 $B=3$.

故

$$\frac{2x-3}{x^3-2x^2+x}=-\frac{3}{x}+\frac{3}{x-1}-\frac{1}{(x-1)^2}. \qquad \square$$

例 4.1.29 将真分式 $\dfrac{2x^2-x-1}{x^3+1}$ 分解成部分分式之和.

解 因分母 $Q(x)=x^3+1=(x+1)(x^2-x+1)$,故可设

$$\frac{2x^2-x-1}{x^3+1}=\frac{A}{x+1}+\frac{Bx+C}{x^2-x+1},$$

两端同乘以 x^3+1 得

$$2x^2-x-1=A(x^2-x+1)+(Bx+C)(x+1)$$
$$=(A+B)x^2+(B+C-A)x+(A+C).$$

比较 x 的同次幂项系数,得

$$\begin{cases} A+B=2; \\ B+C-A=-1; \\ A+C=-1. \end{cases}$$

解得 $A=\dfrac{2}{3}, B=\dfrac{4}{3}, C=-\dfrac{5}{3}$.

故

$$\frac{2x^2-x-1}{x^3+1}=\frac{2}{3(x+1)}+\frac{4x-5}{3(x^2-x+1)}.$$ □

二、有理真分式的不定积分

当把真分式分解成部分分式之和后,求真分式的积分就转化为求各部分分式的积分.

例 4.1.30　求 $\displaystyle\int\frac{2x-3}{x^3-2x^2+x}\mathrm{d}x.$

解　因 $x^3-2x^2+x=x(x-1)^2$,且

$$\frac{2x-3}{x^3-2x^2+x}=-\frac{3}{x}+\frac{3}{x-1}-\frac{1}{(x-1)^2},$$

故

$$\int\frac{2x-3}{x^3-2x^2+x}\mathrm{d}x=-3\int\frac{1}{x}\mathrm{d}x+3\int\frac{1}{x-1}\mathrm{d}x-\int\frac{1}{(x-1)^2}\mathrm{d}x$$

$$=-3\ln\mid x\mid+3\ln\mid x-1\mid+\frac{1}{x-1}+C.$$ □

例 4.1.31　求 $\displaystyle\int\frac{2x^2-x-1}{x^3+1}\mathrm{d}x.$

解　因 $x^3+1=(x+1)(x^2-x+1)$,且

$$\frac{2x^2-x-1}{x^3+1}=\frac{2}{3(x+1)}+\frac{4x-5}{3(x^2-x+1)},$$

故

$$\int\frac{2x^2-x-1}{x^3+1}\mathrm{d}x=\frac{2}{3}\int\frac{1}{x+1}\mathrm{d}x+\int\frac{4x-5}{3(x^2-x+1)}\mathrm{d}x$$

$$=\frac{2}{3}\ln\mid x+1\mid+\int\frac{2(2x-1)-3}{3(x^2-x+1)}\mathrm{d}x$$

$$=\frac{2}{3}\ln\mid x+1\mid+\frac{2}{3}\int\frac{\mathrm{d}(x^2-x+1)}{x^2-x+1}-\int\frac{1}{x^2-x+1}\mathrm{d}x$$

$$= \frac{2}{3}\ln|x+1|+\frac{2}{3}\ln|x^2-x+1|-\int \frac{1}{\left(x-\frac{1}{2}\right)^2+\frac{3}{4}}\mathrm{d}x$$

$$= \frac{2}{3}\ln|x+1|+\frac{2}{3}\ln|x^2-x+1|-\frac{2}{\sqrt{3}}\arctan\frac{2x-1}{\sqrt{3}}+C.$$

□

对于一些特殊的有理函数,也可以通过恒等变形或应用换元等方法求不定积分.

例 4. 1. 32 求 $\int \frac{3x^2-2}{x^3-2x+1}\mathrm{d}x$.

解 因 $\mathrm{d}(x^3-2x+1)=(3x^2-2)\mathrm{d}x$,

故原式 $= \int \frac{1}{x^3-2x+1}\mathrm{d}(x^3-2x+1) = \ln|x^3-2x+1|+C.$ □

习 题 4.1

A 组

1. 求下列不定积分:

(1) $\int 2^x\mathrm{e}^x\mathrm{d}x$;

(2) $\int (3^x+5\sin x)\mathrm{d}x$;

(3) $\int \left(\frac{2}{x}+\frac{1}{\sqrt{1-x^2}}\right)\mathrm{d}x$;

(4) $\int \frac{x^4}{1+x^2}\mathrm{d}x$;

(5) $\int \sin^2\frac{x}{2}\mathrm{d}x$;

(6) $\int \frac{1}{x^2(1+x^2)}\mathrm{d}x$.

2. 已知曲线在任一点 x 处的切线斜率为 $x+\mathrm{e}^x$,且过点$(0,2)$,求该曲线的方程.

3. 利用换元法求下列不定积分:

(1) $\int \frac{1}{5-3x}\mathrm{d}x$;

(2) $\int \frac{1}{\sqrt{3+2x}}\mathrm{d}x$;

(3) $\int e^{-2x} dx$;

(4) $\int x e^{-2x^2} dx$;

(5) $\int \dfrac{e^{\frac{1}{x}}}{x^2} dx$;

(6) $\int \dfrac{\sin x}{\cos^3 x} dx$;

(7) $\int \dfrac{dx}{x(3+2\ln x)}$;

(8) $\int \dfrac{(\arcsin x)^2}{\sqrt{1-x^2}} dx$;

(9) $\int \dfrac{e^x}{2+e^x} dx$;

(10) $\int \dfrac{1-\cos x}{(x-\sin x)^2} dx$;

(11) $\int \dfrac{\sqrt{x-1}}{x} dx$;

(12) $\int \dfrac{x}{1+\sqrt{x+1}} dx$;

(13) $\int \dfrac{dx}{\sqrt{x^2+1}}$;

(14) $\int \dfrac{dx}{x\sqrt{x^2-1}} (x>0)$;

(15) $\int \dfrac{1}{x^2\sqrt{x^2+4}} dx$.

4. 求下列不定积分：

(1) $\int (x^2+1)\ln x \, dx$;

(2) $\int x e^{-3x} dx$;

(3) $\int \ln(x^2+1) dx$;

(4) $\int x^2 \sin x \, dx$;

(5) $\int \cos\sqrt{x}\, dx$;

(6) $\int x^2 \arctan x \, dx$;

(7) $\int \cos(\ln x) dx$;

(8) $\int e^x \sin x \, dx$;

(9) $\int e^{\sqrt{2x-1}} dx$.

5. 设 e^{2x} 是 $f(x)$ 的一个原函数，求 $\int x f'(x) dx$.

6. 求下列不定积分：

(1) $\int \dfrac{x+1}{x^2-4x+3} dx$;

(2) $\int \dfrac{1-x}{x^2(1+x)} dx$;

(3) $\int \dfrac{\mathrm{d}x}{x(1+x^2)}$;

(4) $\int \dfrac{x^3+x}{x-1}\mathrm{d}x$;

(5) $\int \dfrac{2x+3}{x^2+3x-4}\mathrm{d}x$;

(6) $\int \dfrac{2x-1}{x^2-5x+6}\mathrm{d}x$.

7. 求下列不定积分：

(1) $\int \dfrac{1}{1+\sin x}\mathrm{d}x$;

(2) $\int \dfrac{\cos 2x}{\sin^2 x \cos^2 x}\mathrm{d}x$;

(3) $\int \sin^2 x \cos^5 x\mathrm{d}x$;

(4) $\int \dfrac{x\cos x}{\sin^3 x}\mathrm{d}x$.

B 组

1. 求下列不定积分：

(1) $\int \dfrac{\mathrm{d}x}{x\ln x \ln\ln x}$;

(2) $\int x^2 \mathrm{e}^{2x^3+5}\mathrm{d}x$;

(3) $\int \dfrac{1}{1+\mathrm{e}^x}\mathrm{d}x$;

(4) $\int \sqrt{\mathrm{e}^x-1}\mathrm{d}x$;

(5) $\int \dfrac{1}{\sqrt{x(4-x)}}\mathrm{d}x$;

(6) $\int (\arcsin x)^2\mathrm{d}x$;

(7) $\int x^5 \mathrm{e}^{x^3}\mathrm{d}x$;

(8) $\int \dfrac{\arctan \mathrm{e}^x}{\mathrm{e}^x}\mathrm{d}x$;

(9) $\int \dfrac{1+x}{x(4+x^2)}\mathrm{d}x$;

(10) $\int \dfrac{x^2+2x-1}{(x-1)(x^2-x+1)}\mathrm{d}x$;

(11) $\int \dfrac{x^2+1}{x^4+1}\mathrm{d}x$.

2. 已知 $f(u)$ 有二阶连续导数，求 $\int \mathrm{e}^{2x}f''(\mathrm{e}^x)\mathrm{d}x$.

4.2　定积分

4.2.1　定积分的概念与性质

一、引例

在引入定积分定义之前,我们先考察两个实例.

1. 曲边梯形的面积

设函数 $y=f(x)$ 是闭区间 $[a,b]$ 上非负连续的函数,由曲线 $y=f(x)$,直线 $x=a$, $x=b$,及 x 轴所围成的图形(见图 4.5),称为**曲边梯形**.

我们在初等数学中已经知道矩形、三角形、梯形等多边形的面积可用公式求得,那么曲边梯形的面积如何计算呢?

若 $f(x)$ 为常数函数,则曲边梯形便成了矩形,可按矩形面积公式求其面积,现在的困难在于 $f(x)$ 在 $[a,b]$ 上是变化的,但是在 $f(x)$ 是连续的这一条件下,当自变量 x 变化很小时,$f(x)$ 变化也很小,可以近似地看成不变,故可按以下步骤计算曲边梯形的面积 A:

(1) 分割

在区间 (a,b) 上任意插入 $n-1$ 个分点 $a=x_0<x_1<x_2<\cdots<x_{i-1}<x_i<\cdots<x_{n-1}<x_n=b$. 这样区间 $[a,b]$ 被分成 n 个小区间 $[x_0,x_1]$, $[x_1,x_2]$, $\cdots$, $[x_{i-1}, x_i]$, $\cdots$, $[x_{n-1},x_n]$. 每个小区间的长度记为 $\Delta x_i=x_i-x_{i-1}$ $(i=1,2,\cdots,n)$. 过每一个分点作 x 轴的垂线,这样原来的曲边梯形被分成 n 个小曲边梯形(见图 4.5). 用 ΔA_i 表示第 i 个小曲边梯形的面积.

(2) 近似

在第 i 个小区间 $[x_{i-1},x_i]$ 上任取一点 ξ_i,以 $f(\xi_i)$ 为高,Δx_i 为底的小矩形的面积近似代替同底的小曲边梯形的面积,即

$$\Delta A_i \approx f(\xi_i)\Delta x_i\,(i=1,2,\cdots,n).$$

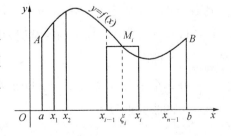

图 4.5

(3) 求和

n 个小矩形的面积和就是原来曲边梯形的面积的近似值,即

$$A = \sum_{i=1}^{n} \Delta A_i \approx \sum_{i=1}^{n} f(\xi_i) \Delta x_i.$$

(4) 取极限

伴随着区间 $[a,b]$ 分割的越来越细小,矩形面积和将越来越逼近曲边梯形的面积 A. 取 $\lambda = \max\{\Delta x_1, \Delta x_2, \cdots, \Delta x_n\}$,当 $\lambda \to 0$,即每个小区间长度 Δx_i 均趋于零时,此时必有 $n \to \infty$. 这样对区间 $[a,b]$ 的有限分割向无限分割转化,所求曲边梯形的面积即为和式 $\sum_{i=1}^{n} f(\xi_i) \Delta x_i$ 的极限,即

$$A = \lim_{\lambda \to 0} \sum_{i=1}^{n} f(\xi_i) \Delta x_i.$$

2. 收益问题

设某商品的价格 P 是销售量 x 的连续函数 $P = P(x)$. 那么,当销售量 x 连续地从 a 变化到 b 时,总收益 R 是多少?

由于价格随销售量的变动而变动,所以我们不能用销售量乘以价格的方法来计算收益,仿上例,可按下列步骤计算收益 R.

(1) 分割

在区间 $[a,b]$ 上任意插入 $n-1$ 个分点 $a = x_0 < x_1 < x_2 < \cdots < x_{i-1} < x_i < \cdots < x_{n-1} < x_n = b$. 把销售量区间 $[a,b]$ 划分成 n 个销售量段 $[x_0, x_1]$, $[x_1, x_2], \cdots, [x_{i-1}, x_i], \cdots, [x_{n-1}, x_n]$. 第 i 个小段的销售量记为 $\Delta x_i = x_i - x_{i-1}$ $(i = 1, 2, \cdots, n)$. 各小段上的收益记为 $\Delta R_i (i = 1, 2, \cdots, n)$.

(2) 近似

在每个销售量段 $[x_{i-1}, x_i]$ 上任取一点 ξ_i,把 $P(\xi_i)$ 作为该段的近似价格,该段上的收益近似为

$$\Delta R_i \approx P(\xi_i) \Delta x_i (i = 1, 2, \cdots, n).$$

（3）求和

n 个销售量段上的收益近似值求和，即为总收益的近似值

$$R = \sum_{i=1}^{n} \Delta R_i \approx \sum_{i=1}^{n} P(\xi_i) \Delta x_i.$$

（4）取极限

令 $\lambda = \max\{\Delta x_1, \Delta x_2, \cdots, \Delta x_n\}$，当 $\lambda \to 0$ 时，取极限得总收益 R 为

$$R = \lim_{\lambda \to 0} \sum_{i=1}^{n} P(\xi_i) \Delta x_i.$$

以上两个实际问题虽然具体内容不同，但解题思想和方法完全相同，都可归结为相同结构的和式的极限，下面我们对其数量关系的共性加以抽象概括，就可以得到定积分的定义.

二、定积分的定义

定义 4.2.1 设函数 $f(x)$ 在区间 $[a,b]$ 上有定义且有界，在 (a,b) 内任意插入 $n-1$ 个分点 $a=x_0<x_1<x_2<\cdots<x_{i-1}<x_i<\cdots<x_{n-1}<x_n=b$，把区间 $[a,b]$ 分成 n 个小区间 $[x_0,x_1],[x_1,x_2],\cdots,[x_{i-1},x_i],\cdots,[x_{n-1},x_n]$. 第 i 个小区间长度为 $\Delta x_i = x_i - x_{i-1}$. 在第 i 个小区间 $[x_{i-1},x_i]$ 上任取一点 ξ_i. 作和式（**积分和**）

$$\sum_{i=1}^{n} f(\xi_i) \Delta x_i, \tag{4.2.1}$$

令 $\lambda = \max\{\Delta x_1, \Delta x_2, \cdots, \Delta x_n\}$，如果不论对区间 $[a,b]$ 怎样分割，也不论 ξ_i 怎样选取，当 $\lambda \to 0$（必有 $n \to \infty$）时，上述和式的极限存在，则称此极限值为函数 $f(x)$ 在区间 $[a,b]$ 上的定积分，记作 $\int_a^b f(x)\mathrm{d}x$，即

$$\int_a^b f(x)\mathrm{d}x = \lim_{\lambda \to 0} \sum_{i=1}^{n} f(\xi_i) \Delta x_i, \tag{4.2.2}$$

其中 $f(x)$ 称为**被积函数**，$f(x)\mathrm{d}x$ 称为**被积表达式**，x 称为**积分变量**，区间

$[a,b]$称为**积分区间**，a 称为**积分下限**，b 称为**积分上限**.

若 $f(x)$ 在区间$[a,b]$上的积分存在，我们就说 $f(x)$ 在区间$[a,b]$上可积.

注 1. 定积分 $\int_a^b f(x)\mathrm{d}x$ 是一个数值，由被积函数 $f(x)$ 及积分区间$[a,b]$唯一确定，与积分变量选用的字母无关，即

$$\int_a^b f(x)\mathrm{d}x = \int_a^b f(t)\mathrm{d}t = \int_a^b f(u)\mathrm{d}u.$$

2. 在定义中，下限 a 小于上限 b. 为以后运算方便，我们认为下限可以大于或等于上限，并规定

当 $a>b$ 时，$\int_a^b f(x)\mathrm{d}x = -\int_b^a f(x)\mathrm{d}x$；

当 $a=b$ 时，$\int_a^a f(x)\mathrm{d}x = 0$.

3. 由定义，前面的例子可分别表示如下：

(1) 由曲线 $y=f(x)\geqslant 0$，直线 $x=a,x=b$ 及 x 轴所围成的曲边梯形的面积 $A = \int_a^b f(x)\mathrm{d}x$；

(2) 价格为 $P=P(x)$（x 为销售量）的商品，销售量从 $x=a$ 增长到 $x=b$ 所得的收益 $R = \int_a^b P(x)\mathrm{d}x$.

三、可积条件

我们还面临这样一个问题：可积的函数应满足什么条件？满足什么条件的函数一定可积？下面不加证明地给出几个结论.

定理 4.2.1 若函数 $f(x)$ 在闭区间$[a,b]$上可积，则 $f(x)$ 在$[a,b]$上必有界.

定理 4.2.2 若函数 $f(x)$ 在闭区间$[a,b]$上连续，则 $f(x)$ 在$[a,b]$上可积.

定理 4.2.3 若函数 $f(x)$ 在闭区间$[a,b]$上有界，且只有有限个第一类间断点，则 $f(x)$ 在$[a,b]$上可积.

四、定积分的几何意义

我们已经知道,若在区间 $[a,b]$ 上 $f(x) \geqslant 0$,定积分 $\int_a^b f(x)\mathrm{d}x$ 在几何上表示由曲线 $y = f(x)$,直线 $x=a, x=b$ 及 x 轴所围成的曲边梯形的面积(见图 4.6).

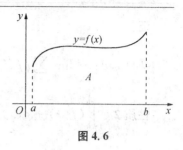

图 4.6

若在区间 $[a,b]$ 上 $f(x) < 0$,易知 $\int_a^b f(x)\mathrm{d}x < 0$,此时 $\int_a^b f(x)\mathrm{d}x$ 表示曲边梯形面积的相反数(见图 4.7).

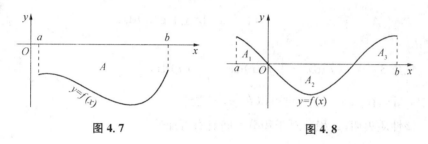

图 4.7 图 4.8

若在区间 $[a,b]$ 上 $f(x)$ 有正有负,我们将所围面积按上述规律相应赋予正负号,则 $\int_a^b f(x)\mathrm{d}x$ 表示这些面积的代数和(见图 4.8).

例 4.2.1 利用定积分的几何意义计算 $\int_0^a \sqrt{a^2-x^2}\,\mathrm{d}x$.

解 因被积函数 $\sqrt{a^2-x^2} \geqslant 0$,故 $\int_0^a \sqrt{a^2-x^2}\,\mathrm{d}x$ 表示由上半圆周 $y = \sqrt{a^2-x^2}$ 与直线 $x=0, x=a$ 及 x 轴所围区域的面积,显然该区域为半径为 a 的四分之一圆,从而 $\int_0^a \sqrt{a^2-x^2}\,\mathrm{d}x = \dfrac{\pi}{4}a^2$. □

五、定积分的性质

为进一步讨论定积分的计算,我们先看看定积分都有什么性质.

性质 1 $\int_a^b kf(x)\mathrm{d}x = k\int_a^b f(x)\mathrm{d}x$,这里 k 为常数.

证

$$\int_a^b k f(x) \mathrm{d}x = \lim_{\lambda \to 0} \sum_{i=1}^n k f(\xi_i) \Delta x_i = k \lim_{\lambda \to 0} \sum_{i=1}^n f(\xi_i) \Delta x_i = k \int_a^b f(x) \mathrm{d}x. \quad \square$$

性质 2 $\displaystyle \int_a^b (f(x) \pm g(x)) \mathrm{d}x = \int_a^b f(x) \mathrm{d}x \pm \int_a^b g(x) \mathrm{d}x.$

证 $\displaystyle \int_a^b (f(x) \pm g(x)) \mathrm{d}x = \lim_{\lambda \to 0} \sum_{i=1}^n (f(\xi_i) \pm g(\xi_i)) \Delta x_i$

$$= \lim_{\lambda \to 0} \sum_{i=1}^n f(\xi_i) \Delta x_i \pm \lim_{\lambda \to 0} \sum_{i=1}^n g(\xi_i) \Delta x_i$$

$$= \int_a^b f(x) \mathrm{d}x \pm \int_a^b g(x) \mathrm{d}x. \quad \square$$

性质 3 $\displaystyle \int_a^b f(x) \mathrm{d}x = \int_a^c f(x) \mathrm{d}x + \int_c^b f(x) \mathrm{d}x,$

其中 c 可以在 $[a,b]$ 之内，也可以在 $[a,b]$ 之外.

该性质表明，定积分对于积分区间具有可加性.

性质 4 $\displaystyle \int_a^b 1 \mathrm{d}x = b - a.$

$\displaystyle \int_a^b 1 \mathrm{d}x$ 在几何上表示以 $[a,b]$ 为底，$f(x)=1$ 为高的矩形的面积.

性质 5 若在 $[a,b]$ 上 $f(x) \geqslant g(x)$，则

$$\int_a^b f(x) \mathrm{d}x \geqslant \int_a^b g(x) \mathrm{d}x.$$

推论 1 若在 $[a,b]$ 上 $f(x) \geqslant 0$，则 $\displaystyle \int_a^b f(x) \mathrm{d}x \geqslant 0.$

推论 2 $\displaystyle \left| \int_a^b f(x) \mathrm{d}x \right| \leqslant \int_a^b |f(x)| \mathrm{d}x (a < b).$

证 因为 $-|f(x)| \leqslant f(x) \leqslant |f(x)|$，所以

$$-\int_a^b |f(x)| \mathrm{d}x \leqslant \int_a^b f(x) \mathrm{d}x \leqslant \int_a^b |f(x)| \mathrm{d}x,$$

于是 $\left|\int_a^b f(x)\mathrm{d}x\right| \leqslant \int_a^b |f(x)|\mathrm{d}x.$ □

例 4.2.2 比较 $\int_1^e \ln x\mathrm{d}x$ 与 $\int_1^e (\ln x)^2\mathrm{d}x$ 的大小.

解 当 $1<x<e$ 时,$0<\ln x<1$,所以 $\ln x>(\ln x)^2$,由性质 5,得

$$\int_1^e \ln x\mathrm{d}x > \int_1^e (\ln x)^2\mathrm{d}x.$$ □

性质 6 若 $f(x)$ 在 $[a,b]$ 上的最大值与最小值分别为 M,m,则

$$m(b-a) \leqslant \int_a^b f(x)\mathrm{d}x \leqslant M(b-a). \tag{4.2.3}$$

证 因 $m\leqslant f(x)\leqslant M$,由性质 4、5,得

$$m(b-a) = \int_a^b m\mathrm{d}x \leqslant \int_a^b f(x)\mathrm{d}x \leqslant \int_a^b M\mathrm{d}x = M(b-a).$$ □

利用该性质可估计定积分的范围.

例 4.2.3 估计定积分 $\int_0^{\frac{1}{2}} e^{-x^2}\mathrm{d}x$ 的取值范围.

解 令 $f(x)=e^{-x^2}$,因 $f'(x)=-2xe^{-x^2}\leqslant 0$,故 $f(x)$ 在 $\left[0,\dfrac{1}{2}\right]$ 上为减函数,于是 $f(x)$ 在 $\left[0,\dfrac{1}{2}\right]$ 上的最大值为 $f(0)=1$,最小值为 $f\left(\dfrac{1}{2}\right)=e^{-\frac{1}{4}}$,即

$$e^{-\frac{1}{4}}\leqslant e^{-x^2}\leqslant 1.$$

由性质 6,得

$$e^{-\frac{1}{4}}\left(\frac{1}{2}-0\right) \leqslant \int_0^{\frac{1}{2}} e^{-x^2}\mathrm{d}x \leqslant 1\left(\frac{1}{2}-0\right).$$

即

$$\frac{1}{2}e^{-\frac{1}{4}} \leqslant \int_0^{\frac{1}{2}} e^{-x^2}\mathrm{d}x \leqslant \frac{1}{2}.$$ □

性质 7 (积分中值定理)设函数 $f(x)$ 在闭区间 $[a,b]$ 上连续,则至少存在

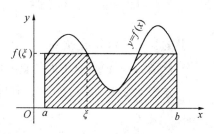

图 4.9

一点 $\xi \in (a,b)$，使得

$$\int_a^b f(x)\mathrm{d}x = f(\xi)(b-a). \tag{4.2.4}$$

(4.2.4)式的几何意义如图 4.9：

在区间 $[a,b]$ 上至少存在一点 ξ 使得以 $[a,b]$ 为底，曲线 $y=f(x)$ 为曲边的曲边梯形的面积 $\int_a^b f(x)\mathrm{d}x$ 等于以 $[a,b]$ 为底，$f(\xi)$ 为高的矩形面积（见图中阴影部分）.

当 $f(x)$ 可积时，我们称 $\overline{y}=\dfrac{1}{b-a}\int_a^b f(x)\mathrm{d}x$ 为函数 $f(x)$ 在区间 $[a,b]$ 上的平均值.

4.2.2　微积分基本定理

一、变上限积分及其导数

设函数 $f(x)$ 在区间 $[a,b]$ 上连续，x 为 $[a,b]$ 上任意一点，现考察 $f(x)$ 在区间 $[a,x]$ 上的定积分 $\int_a^x f(x)\mathrm{d}x$，这里 x 既表示定积分的上限，又表示积分变量，易混淆，我们通常把积分变量改用其他符号，那么上面的积分可改写为

$$\int_a^x f(t)\mathrm{d}t.$$

若上限 x 在 $[a,b]$ 上变动，那么对每一个取定的 x，有唯一确定的积分值与之对应，因此上述积分在 $[a,b]$ 上定义了一个函数，记作 $\Phi(x)$，即

$$\Phi(x) = \int_a^x f(t)\mathrm{d}t,\ x \in [a,b],$$

称其为**变上限积分函数**.

此函数 $\Phi(x)$ 具有下面的重要性质.

定理 4.2.4　若函数 $f(x)$ 在区间 $[a,b]$ 上连续，则变上限积分函数

$$\Phi(x) = \int_a^x f(t)\mathrm{d}t, x \in [a,b]$$

在 $[a,b]$ 上可导,且

$$\Phi'(x) = \frac{\mathrm{d}}{\mathrm{d}x}\int_a^x f(t)\mathrm{d}t = f(x). \tag{4.2.5}$$

证 $\forall x \in (a,b)$,给其一个增量 Δx,相应地,函数 $\Phi(x)$ 的增量为

$$\Delta\Phi(x) = \Phi(x+\Delta x) - \Phi(x) = \int_a^{x+\Delta x} f(t)\mathrm{d}t - \int_a^x f(t)\mathrm{d}t = \int_x^{x+\Delta x} f(t)\mathrm{d}t.$$

由积分中值定理,存在 ξ,使得

$$\int_x^{x+\Delta x} f(t)\mathrm{d}t = f(\xi)\Delta x (\xi \text{ 在 } x \text{ 与 } x+\Delta x \text{ 之间})$$

所以

$$\Phi'(x) = \lim_{\Delta x \to 0} \frac{\Delta\Phi(x)}{\Delta x} = \lim_{\xi \to x} f(\xi) = f(x).$$

$x=a$ 处的右导数与 $x=b$ 处的左导数也可类似证明. $\qquad\square$

此定理表明,若 $f(x)$ 在区间 $[a,b]$ 上连续,则变上限积分 $\Phi(x) = \int_a^x f(t)\mathrm{d}t$ 是 $f(x)$ 在 $[a,b]$ 上的一个原函数,这说明连续函数必定存在原函数,也揭示了不定积分与定积分内在的紧密联系,此定理也称为**原函数存在定理**.

由 $(4.2.5)$ 式可得

$$\frac{\mathrm{d}}{\mathrm{d}x}\int_x^b f(t)\mathrm{d}t = -f(x). \tag{4.2.6}$$

当上限是可导函数 $u=\varphi(x)$ 时,由复合函数求导法则,得

$$\frac{\mathrm{d}}{\mathrm{d}x}\int_a^{\varphi(x)} f(t)\mathrm{d}t = f(\varphi(x))\varphi'(x). \tag{4.2.7}$$

当上下限分别是可导函数 $u=\varphi(x)$ 及 $v=\psi(x)$ 时,可得

$$\frac{\mathrm{d}}{\mathrm{d}x}\int_{\psi(x)}^{\varphi(x)} f(t)\mathrm{d}t = f(\varphi(x))\varphi'(x) - f(\psi(x))\psi'(x). \tag{4.2.8}$$

例 4.2.4   求 $\dfrac{\mathrm{d}}{\mathrm{d}x}\displaystyle\int_0^x \mathrm{e}^{t^2-t}\mathrm{d}t$.

解   由（4.2.5）式,得

$$\frac{\mathrm{d}}{\mathrm{d}x}\int_0^x \mathrm{e}^{t^2-t}\mathrm{d}t = \mathrm{e}^{x^2-x}. \qquad\qquad \square$$

例 4.2.5   求 $\dfrac{\mathrm{d}}{\mathrm{d}x}\displaystyle\int_{\sqrt{x}}^{x^2}\ln(1+t^2)\mathrm{d}t$.

解   由（4.2.8）式,得

$$\frac{\mathrm{d}}{\mathrm{d}x}\int_{\sqrt{x}}^{x^2}\ln(1+t^2)\mathrm{d}t = 2x\ln(1+x^4) - \frac{1}{2\sqrt{x}}\ln(1+x). \qquad \square$$

例 4.2.6   求极限 $\displaystyle\lim_{x\to 0}\dfrac{\displaystyle\int_0^{x^2}\mathrm{e}^{2t}\mathrm{d}t}{\sin^2 x}$.

解   显然所求式为 $\dfrac{0}{0}$ 型未定式,可应用洛必达法则,因 $\dfrac{\mathrm{d}}{\mathrm{d}x}\displaystyle\int_0^{x^2}\mathrm{e}^{2t}\mathrm{d}t =$ $2x\mathrm{e}^{2x^2}$,故

$$\text{原式} = \lim_{x\to 0}\frac{\displaystyle\int_0^{x^2}\mathrm{e}^{2t}\mathrm{d}t}{x^2} = \lim_{x\to 0}\frac{2x\mathrm{e}^{2x^2}}{2x} = \lim_{x\to 0}\mathrm{e}^{2x^2} = 1. \qquad \square$$

二、微积分基本定理

下面这个定理更进一步揭示了定积分的计算与不定积分的关系.

定理 4.2.5   设函数 $f(x)$ 在闭区间 $[a,b]$ 上连续,且 $F(x)$ 是 $f(x)$ 的一个原函数,则

$$\int_a^b f(x)\mathrm{d}x = F(b) - F(a). \qquad\qquad (4.2.9)$$

证   已知 $F(x)$ 是 $f(x)$ 的一个原函数,由定理 4.2.4 知,$\varPhi(x) = \displaystyle\int_a^x f(t)\mathrm{d}t$

也是 $f(x)$ 的原函数,所以 $\Phi(x)-F(x)=C(C$ 为常数$)$,即

$$\int_a^x f(t)\mathrm{d}t = F(x)+C.$$

在上式中令 $x=a$,得 $C=-F(a)$,因此

$$\int_a^x f(t)\mathrm{d}t = F(x)-F(a).$$

在上式中令 $x=b$,得

$$\int_a^b f(t)\mathrm{d}t = F(b)-F(a). \qquad \square$$

为方便起见,$F(b)-F(a)$ 通常记作 $F(x)\big|_a^b$ 或 $\left[F(x)\right]_a^b$,于是(4.2.9)式可写成

$$\int_a^b f(x)\mathrm{d}x = F(x)\ \big|_a^b = F(b)-F(a).$$

(4.2.9)式称为**牛顿-莱布尼茨公式**,也称为**微积分基本公式**.

例 4.2.7　求 $\int_0^1 x^2\mathrm{d}x$.

解　由于 $\dfrac{x^3}{3}$ 是 x^2 的一个原函数,由(4.2.9)式,得

$$\int_0^1 x^2\mathrm{d}x = \frac{x^3}{3}\bigg|_0^1 = \frac{1}{3}-\frac{0}{3}=\frac{1}{3}. \qquad \square$$

例 4.2.8　求 $\int_{-1}^1 \dfrac{1}{1+x^2}\mathrm{d}x$.

解　由于 $\arctan x$ 是 $\dfrac{1}{1+x^2}$ 的一个原函数,所以

$$\int_{-1}^1 \frac{1}{1+x^2}\mathrm{d}x = \arctan x\ \big|_{-1}^1 = \arctan 1 - \arctan(-1) = \frac{\pi}{2}. \qquad \square$$

例 4.2.9 求 $\int_1^3 |x-2| \, \mathrm{d}x$.

解 为去掉绝对值，必须分两个区间进行积分，以 $x=2$ 为分界点，有

$$\int_1^3 |x-2| \, \mathrm{d}x = \int_1^2 |x-2| \, \mathrm{d}x + \int_2^3 |x-2| \, \mathrm{d}x$$

$$= \int_1^2 (2-x) \, \mathrm{d}x + \int_2^3 (x-2) \, \mathrm{d}x$$

$$= 2x \Big|_1^2 - \frac{x^2}{2} \Big|_1^2 + \frac{x^2}{2} \Big|_2^3 - 2x \Big|_2^3 = 1. \qquad \square$$

4.2.3 定积分的换元法与分部积分法

由于牛顿-莱布尼兹公式已经把计算定积分问题归结为求原函数问题，而在 4.1 节中我们介绍了原函数的求解方法——换元法与分部积分法，因此计算定积分也有相应的换元法与分部积分法.

一、定积分的换元法

定理 4.2.6 设函数 $f(x)$ 在区间 $[a,b]$ 上连续，函数 $x=\varphi(t)$ 满足：

(1) $a=\varphi(\alpha), b=\varphi(\beta)$；

(2) $\varphi(t)$ 在区间 $[\alpha,\beta]$ 或 $[\beta,\alpha]$ 上单调且有连续的导数，则

$$\int_a^b f(x) \, \mathrm{d}x = \int_\alpha^\beta f(\varphi(t)) \varphi'(t) \, \mathrm{d}t. \qquad (4.2.10)$$

(4.2.10)式称为**定积分的换元公式**.

证 设 $\int f(x) \, \mathrm{d}x = F(x) + C$，由不定积分的换元公式有

$$\int f(\varphi(t)) \varphi'(t) \, \mathrm{d}t = F(\varphi(t)) + C.$$

于是，由牛顿-莱布尼兹公式，

$$\int_\alpha^\beta f(\varphi(t)) \varphi'(t) \, \mathrm{d}t = F(\varphi(t)) \Big|_\alpha^\beta = F(b) - F(a) = \int_a^b f(x) \, \mathrm{d}x. \qquad \square$$

注　1. 利用 $x=\varphi(t)$ 把积分变量 x 换成变量 t 时,积分限也要换成相应于新变量 t 的积分限,且对应次序不能改变.

2. 求出 $f(\varphi(t))\varphi'(t)$ 的一个原函数 $\Phi(t)$ 后,不必再把 $\Phi(t)$ 换回 x 的函数,只需直接把新变量 t 的上下限代入 $\Phi(t)$ 中然后相减即可.

例 4.2.10　求 $\displaystyle\int_1^4 \frac{1}{1+\sqrt{x}}\mathrm{d}x$.

解　设 $\sqrt{x}=t(t>0)$,则 $x=t^2$,$\mathrm{d}x=2t\mathrm{d}t$. 当 $x=1$ 时,$t=1$;当 $x=4$ 时,$t=2$.所以

$$\int_1^4 \frac{1}{1+\sqrt{x}}\mathrm{d}x = \int_1^2 \frac{2t}{1+t}\mathrm{d}t = 2\int_1^2 \left(1-\frac{1}{1+t}\right)\mathrm{d}t$$

$$= 2[t-\ln(1+t)]_1^2 = 2\left(1-\ln\frac{3}{2}\right). \qquad \square$$

例 4.2.11　求 $I = \displaystyle\int_0^a \sqrt{a^2-x^2}\,\mathrm{d}x(a>0)$.

解　令 $x=a\sin t$,$0\leqslant t\leqslant\dfrac{\pi}{2}$,则当 $x=0$ 时,$t=0$;$x=a$ 时,$t=\dfrac{\pi}{2}$. 所以

$$I = \int_0^{\frac{\pi}{2}} a^2\cos^2 t\mathrm{d}t = \frac{a^2}{2}\left[t+\frac{1}{2}\sin 2t\right]_0^{\frac{\pi}{2}} = \frac{\pi}{4}a^2. \qquad \square$$

例 4.2.12　设函数 $f(x)$ 在区间 $[-a,a]$ 上连续,试证明:

$$I = \int_{-a}^a f(x)\mathrm{d}x = \begin{cases} 2\displaystyle\int_0^a f(x)\mathrm{d}x, & \text{当 } f(x) \text{ 为偶函数}; \\[3mm] 0, & \text{当 } f(x) \text{ 为奇函数}. \end{cases}$$

证　$\displaystyle\int_{-a}^a f(x)\mathrm{d}x = \int_{-a}^0 f(x)\mathrm{d}x + \int_0^a f(x)\mathrm{d}x = I_1 + I_2$,

$$I_1 = \int_{-a}^0 f(x)\mathrm{d}x \overset{x=-t}{=\!=\!=} -\int_a^0 f(-t)\mathrm{d}t = \int_0^a f(-x)\mathrm{d}x,$$

故

$$\int_{-a}^{a} f(x)\mathrm{d}x = \int_{0}^{a} (f(-x)+f(x))\mathrm{d}x$$

$$= \begin{cases} 2\displaystyle\int_{0}^{a} f(x)\mathrm{d}x, & \text{当 } f(x) \text{ 为偶函数；} \\ 0, & \text{当 } f(x) \text{ 为奇函数.} \end{cases}$$

$\square$

由上例可知，当被积函数 $f(x)$ 为奇函数或偶函数时，若积分区间关于原点对称，则可将积分简化. 比如，$\displaystyle\int_{-3}^{3} \frac{x^2 \sin x}{x^2+1}\mathrm{d}x = 0$.

例 4.2.13 求 $I = \displaystyle\int_{-1}^{1} \frac{x^2+\sin x}{1+x^2}\mathrm{d}x$.

解 $I = \displaystyle\int_{-1}^{1} \frac{x^2+\sin x}{1+x^2}\mathrm{d}x = \int_{-1}^{1} \frac{x^2}{1+x^2}\mathrm{d}x + \int_{-1}^{1} \frac{\sin x}{1+x^2}\mathrm{d}x$.

因上式右端第一个积分中的被积函数是偶函数，第二个积分中的被积函数是奇函数，故

$$I = \int_{-1}^{1} \frac{x^2+\sin x}{1+x^2}\mathrm{d}x = 2\int_{0}^{1} \frac{x^2}{1+x^2}\mathrm{d}x + 0 = 2\big[x-\arctan x\big]_{0}^{1} = 2 - \frac{\pi}{2}.$$

$\square$

例 4.2.14 设 $f(x) = \begin{cases} \dfrac{1}{1-x}, & x < 0; \\ \sqrt{x}, & x \geqslant 0. \end{cases}$ 求 $\displaystyle\int_{1}^{5} f(x-3)\mathrm{d}x$.

解 令 $x-3=t$，则 $\mathrm{d}x=\mathrm{d}t$，于是

$$\int_{1}^{5} f(x-3)\mathrm{d}x = \int_{-2}^{2} f(t)\mathrm{d}t = \int_{-2}^{0} f(t)\mathrm{d}t + \int_{0}^{2} f(t)\mathrm{d}t$$

$$= -\ln|1-t|\,\big|_{-2}^{0} + \frac{2}{3}t^{\frac{3}{2}}\,\Big|_{0}^{2} = \ln 3 + \frac{4}{3}\sqrt{2}.$$

$\square$

二、定积分的分部积分法

定理 4.2.7 设函数 $u=u(x),v=v(x)$ 在区间 $[a,b]$ 上存在连续的导数，则

$$\int_a^b u\,\mathrm{d}v = uv \mid_a^b - \int_a^b v\,\mathrm{d}u. \tag{4.2.11}$$

证　由不定积分的分部积分公式(4.1.3)式及牛顿-莱布尼兹公式(4.2.9)式可得.　　　　　□

例 4.2.15　求 $\displaystyle\int_1^e x\ln x\,\mathrm{d}x$.

解　设 $u=\ln x, \mathrm{d}v=x\mathrm{d}x=\mathrm{d}\dfrac{x^2}{2}$,则 $v=\dfrac{x^2}{2}$,于是

$$\int_1^e x\ln x\,\mathrm{d}x = \int_1^e \ln x\,\mathrm{d}\frac{x^2}{2} = \left(\frac{x^2}{2}\ln x\right)\Big|_1^e - \int_1^e \frac{x^2}{2}\cdot\frac{1}{x}\,\mathrm{d}x = \frac{e^2+1}{4}. \qquad □$$

*__**例 4.2.16**__　证明 $I_n = \displaystyle\int_0^{\frac{\pi}{2}} \sin^n x\,\mathrm{d}x = \int_0^{\frac{\pi}{2}} \cos^n x\,\mathrm{d}x$,并计算之.

证　令 $x=\dfrac{\pi}{2}-t$,则

$$\int_0^{\frac{\pi}{2}} \sin^n x\,\mathrm{d}x = \int_{\frac{\pi}{2}}^0 \sin^n\left(\frac{\pi}{2}-t\right)(-\mathrm{d}t) = \int_0^{\frac{\pi}{2}} \cos^n t\,\mathrm{d}t = \int_0^{\frac{\pi}{2}} \cos^n x\,\mathrm{d}x.$$

当 $n\geqslant 2$ 时,由分部积分法可得

$$I_n = \int_0^{\frac{\pi}{2}} \sin^n x\,\mathrm{d}x = -\int_0^{\frac{\pi}{2}} \sin^{n-1} x\,\mathrm{d}\cos x$$

$$= -\sin^{n-1} x\cos x \mid_0^{\frac{\pi}{2}} + (n-1)\int_0^{\frac{\pi}{2}} \sin^{n-2} x\cos^2 x\,\mathrm{d}x$$

$$= (n-1)\int_0^{\frac{\pi}{2}} \sin^{n-2} x(1-\sin^2 x)\,\mathrm{d}x = (n-1)(I_{n-2}-I_n).$$

于是

$$I_n = \frac{n-1}{n}I_{n-2}, n=2,3,\cdots. \tag{4.2.12}$$

因 $I_0 = \displaystyle\int_0^{\frac{\pi}{2}} \mathrm{d}x = \frac{\pi}{2}, I_1 = \int_0^{\frac{\pi}{2}} \sin x\,\mathrm{d}x = -\cos x \mid_0^{\frac{\pi}{2}} = 1$,故逐次应用递推公式

(4.2.12)式可得:

当 n 为偶数时,

$$I_n = \frac{n-1}{n} \cdot \frac{n-3}{n-2} \cdots \frac{1}{2} \cdot I_0 = \frac{n-1}{n} \cdot \frac{n-3}{n-2} \cdots \frac{1}{2} \cdot \frac{\pi}{2} = \frac{(n-1)!!}{n!!} \cdot \frac{\pi}{2},$$

当 n 为奇数时,

$$I_n = \frac{n-1}{n} \cdot \frac{n-3}{n-2} \cdots \frac{2}{3} \cdot I_1 = \frac{n-1}{n} \cdot \frac{n-3}{n-2} \cdots \frac{2}{3} \cdot 1$$

$$= \frac{(n-1)!!}{n!!}.$$ □

习 题 4.2

A 组

1. 利用定积分的几何意义求下列定积分:

(1) $\int_0^1 (1+x) \mathrm{d}x$;   (2) $\int_{-\pi}^{\pi} \sin x \mathrm{d}x$;

(3) $\int_{-3}^3 \sqrt{9-x^2} \mathrm{d}x$.

2. 比较下列定积分的大小:

(1) $\int_0^1 x \mathrm{d}x$ 与 $\int_0^1 x^3 \mathrm{d}x$;   (2) $\int_0^1 \mathrm{e}^{-x} \mathrm{d}x$ 与 $\int_0^1 \mathrm{e}^{-x^2} \mathrm{d}x$.

3. 估计下列定积分的值:

(1) $\int_1^4 (1+x^2) \mathrm{d}x$;   (2) $\int_{-1}^1 \mathrm{e}^{-x^2} \mathrm{d}x$;

(3) $\int_2^0 \mathrm{e}^{x^2-x} \mathrm{d}x$.

4. 求下列导数：

(1) $\dfrac{\mathrm{d}}{\mathrm{d}x}\displaystyle\int_a^x \sin t^2\,\mathrm{d}t$；

(2) $\dfrac{\mathrm{d}}{\mathrm{d}x}\displaystyle\int_x^2 t^2\cos 2t\,\mathrm{d}t$；

(3) $\dfrac{\mathrm{d}}{\mathrm{d}x}\displaystyle\int_0^{\sin x}\sqrt{1+t^3}\,\mathrm{d}t$；

(4) $\dfrac{\mathrm{d}}{\mathrm{d}x}\displaystyle\int_{x^2}^{x^4}\dfrac{\sin t}{\sqrt{1+\mathrm{e}^t}}\,\mathrm{d}t$.

5. 求下列极限：

(1) $\displaystyle\lim_{x\to 0}\dfrac{\displaystyle\int_0^x \tan t\,\mathrm{d}t}{x^2}$；

(2) $\displaystyle\lim_{x\to 1}\dfrac{\displaystyle\int_1^x \mathrm{e}^{t^2}\,\mathrm{d}t}{\ln x}$；

(3) $\displaystyle\lim_{x\to +\infty}\dfrac{\displaystyle\int_0^x (\arctan t)^2\,\mathrm{d}t}{\sqrt{x^2+1}}$；

(4) $\displaystyle\lim_{x\to 0}\dfrac{\displaystyle\int_{\cos x}^1 \mathrm{e}^{-t^2}\,\mathrm{d}t}{x^2}$.

6. 函数 $y=f(x)$ 由方程 $\displaystyle\int_0^y \mathrm{e}^{-t^2}\,\mathrm{d}t+\int_0^x \cos t^2\,\mathrm{d}t=0$ 确定，求 $\dfrac{\mathrm{d}y}{\mathrm{d}x}$.

7. 计算下列定积分：

(1) $\displaystyle\int_1^2\left(x^2+\dfrac{1}{x^3}\right)\mathrm{d}x$；

(2) $\displaystyle\int_{-3}^{-2}\dfrac{1}{1+x}\mathrm{d}x$；

(3) $\displaystyle\int_{\frac{1}{\sqrt 3}}^{\sqrt 3}\dfrac{1}{1+x^2}\mathrm{d}x$；

(4) $\displaystyle\int_1^{\sqrt 3}\dfrac{1}{x^2(1+x^2)}\mathrm{d}x$；

(5) $\displaystyle\int_0^{\frac{\pi}{4}}\tan^2\theta\,\mathrm{d}\theta$；

(6) $\displaystyle\int_{-5}^2\dfrac{x^4-1}{1+x^2}\mathrm{d}x$；

(7) $\displaystyle\int_{-1}^2 |\,x-x^2\,|\,\mathrm{d}x$；

(8) $\displaystyle\int_1^5\dfrac{\sqrt{x-1}}{x}\mathrm{d}x$；

(9) $\displaystyle\int_0^{\ln 3}\mathrm{e}^x(1+\mathrm{e}^x)^2\,\mathrm{d}x$；

(10) $\displaystyle\int_0^{\ln 2}\sqrt{\mathrm{e}^x-1}\,\mathrm{d}x$；

(11) $\displaystyle\int_{-\frac{\pi}{2}}^{\frac{\pi}{2}}\sqrt{\cos x-\cos^3 x}\,\mathrm{d}x$.

(12) $\displaystyle\int_0^2\sqrt{4-x^2}\,\mathrm{d}x$；

(13) $\displaystyle\int_0^2\dfrac{1}{x+\sqrt{4-x^2}}\mathrm{d}x$；

(14) $\displaystyle\int_0^a x^2\sqrt{a^2-x^2}\,\mathrm{d}x$；

(15) $\displaystyle\int_0^1 x\ln(x+1)\mathrm{d}x$;　　　　　　　(16) $\displaystyle\int_0^1 \mathrm{e}^{\sqrt{x}}\mathrm{d}x$;

(17) $\displaystyle\int_0^{\frac{\pi}{2}} \mathrm{e}^{2x}\cos x\mathrm{d}x$;　　　　　　　(18) $\displaystyle\int_1^{\mathrm{e}} \ln^2 x\mathrm{d}x$.

8. 求函数 $f(x)=\displaystyle\int_0^{x^2}(2-t)\mathrm{e}^{-t}\mathrm{d}t$ 的极值.

9. 设 $f(x)$ 在 $(-\infty,+\infty)$ 上连续,T 为 $f(x)$ 的周期. 证明:

$$\int_a^{a+T} f(x)\mathrm{d}x = \int_0^T f(x)\mathrm{d}x.$$

10. 利用函数的奇偶性计算下列定积分:

(1) $\displaystyle\int_{-\pi}^{\pi} \mathrm{e}^{x^2}\sin x\mathrm{d}x$;　　　　　　(2) $\displaystyle\int_{-5}^5 \dfrac{x^3\sin^2 x}{x^4-2x^2+1}\mathrm{d}x$;

(3) $\displaystyle\int_{-\frac{1}{2}}^{\frac{1}{2}} \dfrac{\arcsin^2 x}{\sqrt{1-x^2}}\mathrm{d}x$.

B 组

1. 设 $f(x)$ 在 $[0,1]$ 上连续,且满足 $f(x)=x\displaystyle\int_0^1 f(t)\mathrm{d}t-1$,求 $f(x)$.

2. 设连续函数 $f(x)$ 满足 $\displaystyle\int_0^x f(x-t)\mathrm{d}t=\mathrm{e}^{-2x}-1$,求 $\displaystyle\int_0^1 f(x)\mathrm{d}x$.

3. 设 $f(x)$ 在 $(-\infty,+\infty)$ 上连续,并满足

$$\int_0^x f(x-u)\mathrm{e}^u\mathrm{d}u=\sin x, x\in(-\infty,+\infty),$$

求 $f(x)$.

4. 设函数 $f(x)=\begin{cases} x\cos x^2, & 0\leqslant x\leqslant 1; \\ \dfrac{\mathrm{e}^{\sqrt{x}}}{\sqrt{x}}, & 1<x\leqslant 4. \end{cases}$ 计算 $\displaystyle\int_{-2}^2 f(x+2)\mathrm{d}x$.

5. 设 $f(x)$ 为连续函数,且 $f(0)\neq 0$,求极限 $\displaystyle\lim_{x\to 0}\dfrac{\displaystyle\int_0^x (x-t)f(t)\mathrm{d}t}{x\displaystyle\int_0^x f(x-t)\mathrm{d}t}$.

6. 设 $f(x)=\begin{cases}\dfrac{1}{2}\sin x, & 0\leqslant x\leqslant\pi;\\[2mm] 0, & x<0 \text{ 或 } x>\pi,\end{cases}$ 求 $F(x)=\displaystyle\int_0^x f(t)\mathrm{d}t$ 在 $(-\infty,$

$+\infty)$ 内的表达式.

4.3 反常积分

在讨论定积分时,我们假设函数 $f(x)$ 在闭区间 $[a,b]$ 上有界,即积分区间是有限的,被积函数是有界的,但为了解决某些实际问题,有时需考察无穷区间上的积分或无界函数的积分,因此我们需要对定积分的概念从这两方面加以推广,这种推广后的积分叫做反常积分.

4.3.1 无穷区间上的反常积分

定义 4.3.1 设函数 $f(x)$ 在区间 $[a,+\infty)$ 上连续,任取 $b>a$,$f(x)$ 在 $[a,b]$ 上可积,若极限 $\displaystyle\lim_{b\to+\infty}\int_a^b f(x)\mathrm{d}x$ 存在,则称此极限为函数 $f(x)$ 在 $[a,+\infty)$ 上的**反常积分**,记作 $\displaystyle\int_a^{+\infty} f(x)\mathrm{d}x$,即

$$\int_a^{+\infty} f(x)\mathrm{d}x = \lim_{b\to+\infty}\int_a^b f(x)\mathrm{d}x.$$

这时也称反常积分 $\displaystyle\int_a^{+\infty} f(x)\mathrm{d}x$ 收敛. 若上述极限不存在,则称反常积分 $\displaystyle\int_a^{+\infty} f(x)\mathrm{d}x$ 发散.

类似地,可定义函数 $f(x)$ 在 $(-\infty,b]$ 上的反常积分为

$$\int_{-\infty}^b f(x)\mathrm{d}x = \lim_{a\to-\infty}\int_a^b f(x)\mathrm{d}x.$$

函数 $f(x)$ 在 $(-\infty,+\infty)$ 上的反常积分为

$$\int_{-\infty}^{+\infty} f(x)\mathrm{d}x = \lim_{a\to-\infty}\int_a^c f(x)\mathrm{d}x + \lim_{b\to+\infty}\int_c^b f(x)\mathrm{d}x,$$

其中 c 为任意常数.

若上式右端两个反常积分均收敛,则称 $\int_{-\infty}^{+\infty} f(x)\mathrm{d}x$ 收敛;若二者至少有

一个发散,则称 $\int_{-\infty}^{+\infty} f(x)\mathrm{d}x$ 发散.

设函数 $f(x)$ 在所讨论的区间上连续,$F(x)$ 是 $f(x)$ 的一个原函数,由牛顿-莱布尼兹公式及上述定义,有

$$\int_a^{+\infty} f(x)\mathrm{d}x = \lim_{b\to+\infty}\big[F(b)-F(a)\big] = \lim_{b\to+\infty} F(b) - F(a)$$

$$=F(+\infty)-F(a) = F(x)\Big|_a^{+\infty}, \tag{4.3.1}$$

类似地,

$$\int_{-\infty}^b f(x)\mathrm{d}x = F(x)\Big|_{-\infty}^b, \tag{4.3.2}$$

$$\int_{-\infty}^{+\infty} f(x)\mathrm{d}x = F(x)\Big|_{-\infty}^{+\infty}. \tag{4.3.3}$$

(4.3.1)、(4.3.2)、(4.3.3)式统称为无穷区间上反常积分的**广义牛顿-莱布尼茨公式**.

例 4.3.1 求下列反常积分:

(1) $\int_1^{+\infty} \dfrac{1}{x^2}\mathrm{d}x$;　(2) $\int_1^{+\infty} \dfrac{1}{\sqrt{x}}\mathrm{d}x$;　(3) $\int_{-\infty}^{+\infty} \dfrac{1}{1+x^2}\mathrm{d}x$.

解 (1) $\int_1^{+\infty} \dfrac{1}{x^2}\mathrm{d}x = -\dfrac{1}{x}\Big|_1^{+\infty} = 0-(-1) = 1$;

(2) $\int_1^{+\infty} \dfrac{1}{\sqrt{x}}\mathrm{d}x = 2\sqrt{x}\Big|_1^{+\infty} = +\infty$;

(3) $\int_{-\infty}^{+\infty} \dfrac{1}{1+x^2}\mathrm{d}x = \arctan x\Big|_{-\infty}^{+\infty} = \dfrac{\pi}{2}-\left(-\dfrac{\pi}{2}\right) = \pi$.　□

例 4.3.2 求 $\int_0^{+\infty} x e^{-x} dx$.

解 $\int_0^{+\infty} x e^{-x} dx = -\int_0^{+\infty} x d e^{-x} = -x e^{-x} \Big|_0^{+\infty} + \int_0^{+\infty} e^{-x} dx$

$= 0 - e^{-x} \Big|_0^{+\infty} = 1.$ □

例 4.3.3 证明:当 $p > 1$ 时,反常积分 $\int_1^{+\infty} \dfrac{dx}{x^p}$ 收敛;当 $p \leqslant 1$ 时它发散.

证 当 $p > 1$ 时,$\int_1^{+\infty} \dfrac{dx}{x^p} = \dfrac{1}{1-p} x^{1-p} \Big|_1^{+\infty} = \dfrac{1}{p-1}$;

当 $p = 1$ 时,$\int_1^{+\infty} \dfrac{dx}{x^p} = \int_1^{+\infty} \dfrac{dx}{x} = \ln x \Big|_1^{+\infty} = \lim_{x \to +\infty} \ln x = +\infty$;

当 $p < 1$ 时,$\int_1^{+\infty} \dfrac{dx}{x^p} = \dfrac{1}{1-p} x^{1-p} \Big|_1^{+\infty} = \dfrac{1}{1-p} \Big[\lim_{x \to +\infty} x^{1-p} - 1 \Big] = +\infty$.

综上所述,当且仅当 $p > 1$ 时 $\int_1^{+\infty} \dfrac{dx}{x^p}$ 收敛,其值等于 $\dfrac{1}{p-1}$;当 $p \leqslant 1$ 时发散. □

4.3.2 无界函数的反常积分(瑕积分)

定义 4.3.2 设函数 $f(x)$ 在区间 $(a, b]$ 上连续,若 $f(x)$ 在点 $x = a$ 附近无界,则称 a 为 $f(x)$ 的**瑕点**,任取 $\varepsilon > 0$,$f(x)$ 在 $[a+\varepsilon, b]$ 上可积,若极限

$$\lim_{\varepsilon \to 0^+} \int_{a+\varepsilon}^b f(x) dx$$

存在,则称此极限为函数 $f(x)$ 在区间 $(a, b]$ 上的**反常积分(瑕积分)**,记作 $\int_a^b f(x) dx$,即

$$\int_a^b f(x) dx = \lim_{\varepsilon \to 0^+} \int_{a+\varepsilon}^b f(x) dx.$$

这时也称反常积分 $\int_a^b f(x) dx$ 收敛;若上述极限不存在,则称 $\int_a^b f(x) dx$ 发散.

类似地,若函数 $f(x)$ 在区间 $[a,b)$ 上连续且 b 为 $f(x)$ 的瑕点,则定义反常积分

$$\int_a^b f(x)\mathrm{d}x = \lim_{\varepsilon \to 0^+}\int_a^{b-\varepsilon} f(x)\mathrm{d}x.$$

若函数 $f(x)$ 在区间 $[a,b]$ 上除点 $c(a<c<b)$ 外连续,c 为 $f(x)$ 的瑕点,则定义反常积分

$$\int_a^b f(x)\mathrm{d}x = \int_a^c f(x)\mathrm{d}x + \int_c^b f(x)\mathrm{d}x = \lim_{\varepsilon \to 0^+}\int_a^{c-\varepsilon} f(x)\mathrm{d}x + \lim_{\varepsilon \to 0^+}\int_{c+\varepsilon}^b f(x)\mathrm{d}x.$$

若上式右端两个反常积分均收敛,则称 $\int_a^b f(x)\mathrm{d}x$ 收敛;若二者中至少有一个发散,则称 $\int_a^b f(x)\mathrm{d}x$ 发散.

若 $F(x)$ 是 $f(x)$ 的一个原函数,则由牛顿-莱布尼兹公式及上述定义,有
当 a 为瑕点时,

$$\int_a^b f(x)\mathrm{d}x = \lim_{\varepsilon \to 0^+}\int_{a+\varepsilon}^b f(x)\mathrm{d}x = \lim_{\varepsilon \to 0^+}F(x)\Big|_{a+\varepsilon}^b = F(b) - \lim_{\varepsilon \to 0^+}F(a+\varepsilon)$$

$$= F(b) - F(a^+) = F(x)\Big|_{a^+}^b, \tag{4.3.4}$$

类似地,当 b 为瑕点时,

$$\int_a^b f(x)\mathrm{d}x = F(x)\Big|_a^{b^-} = F(b) - F(a), \tag{4.3.5}$$

当 $c \in (a,b)$ 为瑕点时,

$$\int_a^b f(x)\mathrm{d}x = \int_a^c f(x)\mathrm{d}x + \int_c^b f(x)\mathrm{d}x = F(x)\Big|_a^{c^-} + F(x)\Big|_{c^+}^b.$$

$$\tag{4.3.6}$$

(4.3.4)、(4.3.5)、(4.3.6)式统称为无界函数反常积分的**广义牛顿-莱布尼茨公式**.

例 4. 3. 4　求下列反常积分：

(1) $\int_0^1 \frac{1}{\sqrt{x}} \mathrm{d}x$;　　(2) $\int_0^1 \frac{1}{\sqrt{1-x}} \mathrm{d}x$;　　(3) $\int_{-1}^1 \frac{1}{x^2} \mathrm{d}x$.

解　(1) $x=0$ 为 $f(x)=\dfrac{1}{\sqrt{x}}$ 的瑕点，故

$$\int_0^1 \frac{1}{\sqrt{x}} \mathrm{d}x = 2\sqrt{x}\,\Big|_{0^+}^1 = 2.$$

(2) $x=1$ 为 $f(x)=\dfrac{1}{\sqrt{1-x}}$ 的瑕点，故

$$\int_0^1 \frac{1}{\sqrt{1-x}} \mathrm{d}x = -\int_0^1 \frac{1}{\sqrt{1-x}} \mathrm{d}(1-x) = -2\sqrt{1-x}\,\Big|_0^{1^-} = 2.$$

(3) $x=0$ 为 $f(x)=\dfrac{1}{x^2}$ 的瑕点，故

$$\int_{-1}^1 \frac{1}{x^2} \mathrm{d}x = \int_{-1}^0 \frac{1}{x^2} \mathrm{d}x + \int_0^1 \frac{1}{x^2} \mathrm{d}x,$$

因右端 $\displaystyle\int_{-1}^0 \frac{1}{x^2} \mathrm{d}x = -\frac{1}{x}\,\Big|_{-1}^{0^-} = +\infty$，故该瑕积分发散.　　□

例 4. 3. 5　求反常积分 $\displaystyle\int_1^2 \frac{x}{\sqrt{x-1}} \mathrm{d}x$.

解　$x=1$ 为被积函数的瑕点，令 $t=\sqrt{x-1}$，则

$$x=t^2+1, \mathrm{d}x=2t\mathrm{d}t.$$

当 $x\to1^+$ 时 $t\to0^+$；当 $x\to2$ 时 $t\to1$. 于是

$$\int_1^2 \frac{x}{\sqrt{x-1}} \mathrm{d}x = \int_0^1 \frac{t^2+1}{t} \cdot 2t\mathrm{d}t = 2\int_0^1 (t^2+1)\mathrm{d}t$$

$$= 2\left(\frac{t^3}{3}+t\right)\Big|_{0^+}^1 = \frac{8}{3}.$$　　□

例 4.3.6 证明：当 $0 < q < 1$ 时反常积分 $\displaystyle\int_0^1 \frac{1}{x^q}\mathrm{d}x$ 收敛；当 $q \geqslant 1$ 时它发散.

证 易见 $x = 0$ 是它的唯一瑕点，当 $q \neq 1$ 时，

$$\int_0^1 \frac{1}{x^q}\mathrm{d}x = \frac{1}{1-q}x^{1-q}\Big|_{0^+}^1 = \begin{cases} \dfrac{1}{1-q}, & q < 1; \\[2mm] +\infty, & q > 1. \end{cases}$$

当 $q = 1$ 时，$\displaystyle\int_0^1 \frac{1}{x^q}\mathrm{d}x = \ln x \Big|_{0^+}^1 = +\infty$.

综上所述，当且仅当 $0 < q < 1$ 时，反常积分 $\displaystyle\int_0^1 \frac{1}{x^q}\mathrm{d}x$ 收敛，其值为 $\dfrac{1}{1-q}$，当 $q \geqslant 1$ 时它发散.   □

*4.3.3 Γ 函数

这一小节我们来讨论在理论和应用上都有重要意义的一个反常积分：$\displaystyle\int_0^{+\infty} x^{\alpha-1}\mathrm{e}^{-x}\mathrm{d}x(\alpha > 0)$. 可以证明（证明略）当 $\alpha > 0$ 时，它收敛，这时，它是参变量 α 的函数，称为 **Γ 函数**，记作 $\Gamma(\alpha)$，即

$$\Gamma(\alpha) = \int_0^{+\infty} x^{\alpha-1}\mathrm{e}^{-x}\mathrm{d}x.$$

下面介绍 Γ 函数的几个基本性质.

性质 1 $\Gamma(\alpha+1) = \alpha\Gamma(\alpha)$.

证 $\displaystyle\Gamma(\alpha+1) = \int_0^{+\infty} x^{\alpha}\mathrm{e}^{-x}\mathrm{d}x = -(x^{\alpha}\mathrm{e}^{-x})\Big|_0^{+\infty} + \alpha\int_0^{+\infty} x^{\alpha-1}\mathrm{e}^{-x}\mathrm{d}x$

$$= 0 + \alpha\int_0^{+\infty} x^{\alpha-1}\mathrm{e}^{-x}\mathrm{d}x = \alpha\Gamma(\alpha).$$ □

性质 2 $\Gamma(n+1) = n!$.

证 由性质 1，$\Gamma(n+1) = n\Gamma(n) = n(n-1)\Gamma(n-1) = \cdots = n!\ \Gamma(1)$，

$$\Gamma(1) = \int_0^{+\infty} e^{-x} dx = -\left. e^{-x} \right|_0^{+\infty} = 1.$$

故 $\Gamma(n+1) = n!$. □

性质 3 $\Gamma\left(\dfrac{1}{2}\right) = \displaystyle\int_{-\infty}^{+\infty} e^{-t^2} dt = \sqrt{\pi}.$

习 题 4.3

A 组

1. 计算下列反常积分:

(1) $\displaystyle\int_1^{+\infty} \frac{1}{x^4} dx$;

(2) $\displaystyle\int_2^{+\infty} \frac{1}{x^2+x-2} dx$;

(3) $\displaystyle\int_0^{+\infty} \frac{1}{\sqrt{x}(1+x)} dx$;

(4) $\displaystyle\int_{-\infty}^0 \frac{e^x}{1+e^x} dx$.

2. 计算下列反常积分:

(1) $\displaystyle\int_0^1 \ln x\, dx$;

(2) $\displaystyle\int_0^1 \frac{x}{\sqrt{1-x^2}} dx$;

(3) $\displaystyle\int_{-1}^1 \frac{1}{\sqrt{1-x^2}} dx$;

(4) $\displaystyle\int_0^2 \frac{1}{x^2-4x+3} dx$.

3. 讨论反常积分 $\displaystyle\int_2^{+\infty} \frac{1}{x(\ln x)^p} dx$ 的敛散性.

4. 讨论反常积分 $\displaystyle\int_a^b \frac{1}{(x-a)^q} dx$ 的敛散性.

B 组

1. 计算 $\displaystyle\int_0^{+\infty} \frac{x}{(1+x^2)^2} dx$.

2. 计算 $\displaystyle\int_0^1 \frac{x^2 \arcsin x}{\sqrt{1-x^2}} dx$.

3. 已知 $\int_{-\infty}^{+\infty} e^{k|x|} dx = 1$，求 k 之值.

4. 利用 Γ 函数计算下列积分：

(1) $\int_0^{+\infty} x^{10} e^{-x} dx$;　　　　　　(2) $\int_0^{+\infty} x^{\frac{3}{2}} e^{-x} dx$;

(3) $\int_0^{+\infty} x^5 e^{-x^2} dx$.

4.4　定积分的几何应用与经济应用

定积分是求某种总量的数学模型，它在几何学、物理学、经济学等方面都有广泛的应用. 在学习过程中，我们不仅要了解计算某些实际问题的公式，还要深刻领会用定积分解决实际问题的基本思想和方法——微元法（也叫元素法）.

4.4.1　定积分的微元法

定积分的应用问题一般可按"分割、近似、求和、取极限"四个步骤，把所求量表示为定积分的形式，为了更好地说明这种方法，我们先回顾本章讨论过的求曲边梯形的面积问题.

求由曲线 $y=f(x)(\geqslant 0)$，直线 $x=a,x=b$，及 x 轴所围成的曲边梯形的面积 A.

我们采用"分割、近似、求和、取极限"四个步骤，将曲边梯形的面积 A 表示为

$$A = \lim_{\lambda \to 0} \sum_{i=1}^{n} f(\xi_i) \Delta x_i.$$

再根据定积分的定义，得 $A = \int_a^b f(x) dx$.

该过程可改写如下：

(1) 分割

将区间 $[a,b]$ 分成 n 个小区间，任取其中一个小区间 $[x,x+\Delta x]$. 用 ΔA 表示 $[x,x+\Delta x]$ 上小曲边梯形的面积（见图 4.10），于是

$$A = \sum \Delta A;$$

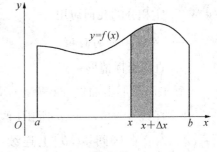

图 4.10

（2）近似

取 $[x, x+\Delta x]$ 的左端点为 x，以 $f(x)$ 为高，Δx 为底的小矩形的面积作为 ΔA 的近似值，即

$$\Delta A \approx f(x)\Delta x = f(x)\mathrm{d}x = \mathrm{d}A;$$

（3）求和

$$A = \sum \Delta A \approx \sum \mathrm{d}A \approx \sum f(x)\mathrm{d}x;$$

（4）取极限

$$A = \lim_{\lambda \to 0} \sum f(x)\mathrm{d}x = \int_a^b f(x)\mathrm{d}x.$$

一般地，如果所求量 I 满足下列条件：

（1）I 与变量 x 的变化区间 $[a,b]$ 有关；

（2）I 对于区间 $[a,b]$ 具有可加性；

（3）I 的部分量 ΔI 可近似地表示为 $f(\xi_i)\Delta x_i$，那么这个量 I 就可以表示成定积分的形式.

把量 I 表示成定积分的步骤如下：

（1）根据具体问题，选取一个变量 x，确定它的变化区间 $[a,b]$；

（2）设想将 $[a,b]$ 分成若干个小区间，取其中任一个小区间 $[x, x+\mathrm{d}x]$，求出它所对应的部分量 ΔI 的近似值 $f(x)\mathrm{d}x$，称 $f(x)\mathrm{d}x$ 为量 I 的微元，记作 $\mathrm{d}I$，即

$$\Delta I \approx \mathrm{d}I = f(x)\mathrm{d}x;$$

（3）以 $\mathrm{d}I$ 作被积表达式，以 $[a,b]$ 为积分区间，得

$$I = \int_a^b \mathrm{d}I = \int_a^b f(x)\mathrm{d}x.$$

这种方法叫做**微元法**.

下面利用这种方法讨论一些实际问题.

4.4.2 定积分的几何应用

一、平面图形的面积

1. 直角坐标情形

设平面图形由曲线 $y=f(x),y=$
$g(x)$ 及直线 $x=a,x=b$ 所围,假设
$f(x),g(x)$ 在区间 $[a,b]$ 上连续,且
$f(x)\geqslant g(x)$(见图 4.11),我们来求该
图形的面积 A.

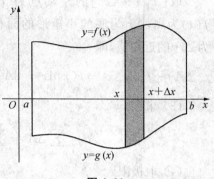

在区间 $[a,b]$ 上任取小区间 $[x,x+$
$\Delta x]$,小区间 $[x,x+\Delta x]$ 所对应的图形
(见图 4.11 中阴影部分)的面积近似等

图 4.11

于高为 $(f(x)-g(x))$,宽为 $\mathrm{d}x$ 的小矩形的面积,故面积微元为

$$\mathrm{d}A=[f(x)-g(x)]\mathrm{d}x,$$

积分得

$$A=\int_a^b(f(x)-g(x))\mathrm{d}x. \tag{4.4.1}$$

类似地,若平面图形由曲线 $x=\varphi(y),x=\psi(y)$,直线 $y=c,y=d$ 围成,且
$\varphi(y)\geqslant\psi(y)$,(见图 4.12),则类似(4.4.1)式的推导可知面积为

$$A=\int_c^d(\varphi(y)-\psi(y))\mathrm{d}y. \tag{4.4.2}$$

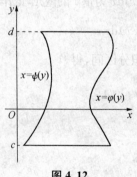

图 4.12

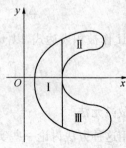

图 4.13

若平面图形如图 4.13 所示,可将该图形分成若干部分,使每一部分均为前两种情形之一的图形,分别可用(4.4.1)式或(4.4.2)式计算,每部分面积之和即为总面积.

例 4.4.1 求由曲线 $y=\sqrt{x}$ 与 $y=\sin x$ 及直线 $x=\pi$ 所围图形面积 A.(见图 4.14)

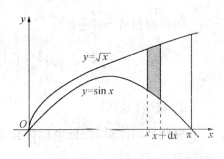

解 两曲线在原点$(0,0)$处相交,且 $\sqrt{x}>\sin x(x>0)$,面积微元为

$$dA = (\sqrt{x} - \sin x)dx.$$

故所求面积为

图 4.14

$$A = \int_0^\pi (\sqrt{x} - \sin x)dx = \frac{2}{3}x^{\frac{3}{2}}\Big|_0^\pi + \cos x\Big|_0^\pi = \frac{2}{3}\pi\sqrt{\pi} - 2. \qquad \square$$

例 4.4.2 求由抛物线 $y^2=2x$ 与直线 $y=4-x$ 所围成的图形的面积 A.(见图 4.15)

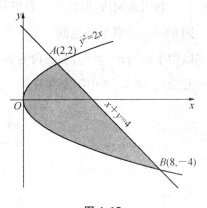

解 先求出曲线的交点,联立方程组

$$\begin{cases} y^2=2x; \\ y=4-x, \end{cases}$$

得两个交点 $A(2,2)$ 与 $B(8,-4)$.

方法一 选取 y 为积分变量,变化区间为 $[-4,2]$.面积微元为

图 4.15

$$dA = \left(4 - y - \frac{1}{2}y^2\right)dy,$$

所以

$$A = \int_{-4}^{2} \left(4 - y - \frac{1}{2} y^2 \right) \mathrm{d}y = \left(4y - \frac{1}{2} y^2 - \frac{1}{6} y^3 \right) \Big|_{-4}^{2} = 18.$$

方法二　选取 x 为积分变量，变化区间为 $[0,8]$.

所求面积 $A = \int_{0}^{2} \left[\sqrt{2x} - (-\sqrt{2x}) \right] \mathrm{d}x + \int_{2}^{8} \left[(4 - x) + \sqrt{2x} \right] \mathrm{d}x$

$$= \frac{2}{3} (2x)^{\frac{3}{2}} \Big|_{0}^{2} + \left[\frac{1}{3} (2x)^{\frac{3}{2}} - \frac{x^2}{2} + 4x \right]_{2}^{8} = 18. \qquad \square$$

2. 极坐标情形

有些平面图形，用极坐标计算它们
的面积会更方便.

设平面图形由曲线 $r = \varphi(\theta)$ 与射线
$\theta = \alpha, \theta = \beta$ 所围成，这里 $0 \leqslant \alpha < \beta \leqslant 2\pi$
（见图 4.16）. 我们来求该图形的面积 A.

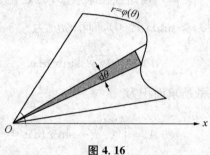

图 4.16

利用微元法，取极角 θ 为积分变量，
则 $\alpha \leqslant \theta \leqslant \beta$，任取小区间 $[\theta, \theta + \mathrm{d}\theta]$，则对应于该小区间的窄曲边扇形的面积可
以用半径为 $r = \varphi(\theta)$，圆心角为 $\mathrm{d}\theta$ 的圆扇形的面积近似，得曲边扇形的面积微
元为（见图 4.16 中阴影部分）

$$\mathrm{d}A = \frac{1}{2} \varphi^2(\theta) \mathrm{d}\theta.$$

于是，

$$A = \frac{1}{2} \int_{\alpha}^{\beta} \varphi^2(\theta) \mathrm{d}\theta. \qquad (4.4.3)$$

这就是我们要推导的极坐标系下平面图形的面积公式.

例 4.4.3　求由心脏线 $r = a(1 + \cos\theta)\ (a > 0)$ 所围成图形的面积 A.

解　心脏线的图形如图 4.17 所示,该图关于极轴对称,只需计算极轴上方的面积 A_1. 由 (4.4.3)式得

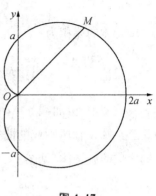

$$A_1 = \frac{1}{2}\int_0^\pi a^2(1+\cos\theta)^2 d\theta$$

$$= \frac{a^2}{2}\int_0^\pi \left(1+2\cos\theta+\frac{1}{2}(1+\cos 2\theta)\right) d\theta$$

$$= \frac{a^2}{2}\left[\frac{3}{2}\theta+2\sin\theta+\frac{1}{4}\sin 2\theta\right]_0^\pi$$

$$= \frac{3}{4}\pi a^2.$$

图 4.17

故

$$A = 2A_1 = \frac{3}{2}\pi a^2. \qquad\qquad \square$$

二、旋转体的体积

所谓**旋转体**是由平面图形绕这个平面内的一条直线旋转一周而成的立体,这条直线叫做**旋转轴**.

下面我们计算由曲线 $y=f(x)(\geqslant 0)$, 直线 $x=a, x=b(a<b)$ 及 x 轴所围成的曲边梯形绕 x 轴旋转一周而成的旋转体(见图 4.18)的体积.

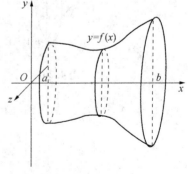

利用微元法,取 x 为积分变量,则它的变化区间为 $[a,b]$,设想把 $[a,b]$ 分成 n 个小区间,任取小区间 $[x,x+dx]$,它所对应的窄曲边梯形绕 x 轴旋转一周而成的薄片的体

图 4.18

积可近似表示为以 $f(x)$ 为底半径,dx 为高的圆柱体的体积,即该旋转体的体积微元为

$$dV_x = \pi[f(x)]^2 dx.$$

故旋转体的体积为

$$V_x = \pi \int_a^b [f(x)]^2 dx. \qquad (4.4.4)$$

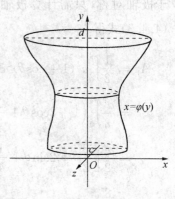

类似地，由曲线 $x = \varphi(y)$，直线 $y = c, y = d$（$c < d$）及 y 轴所围成的曲边梯形绕 y 轴旋转一周而成的旋转体（见图 4.19）的体积为

$$V_y = \pi \int_c^d [\varphi(y)]^2 dy. \qquad (4.4.5)$$

图 4.19

例 4.4.4 求由抛物线 $y = x^2$，直线 $y = 0$，$x = 1$ 围成的图形分别绕 x 轴和 y 轴旋转一周而成的旋转体的体积.

解 画出平面图形.（见图 4.20，图 4.21）

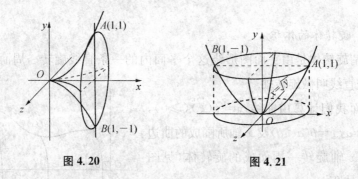

图 4.20   图 4.21

根据（4.4.4）式，绕 x 轴旋转一周而成的旋转体的体积为

$$V_x = \pi \int_0^1 (x^2)^2 dx = \pi \cdot \frac{x^5}{5} \bigg|_0^1 = \frac{\pi}{5}.$$

根据（4.4.5）式，绕 y 轴旋转一周而成的旋转体的体积为

$$V_y = \pi \int_0^1 [1 - (\sqrt{y})^2] dy = \pi \int_0^1 (1 - y) dy = \frac{\pi}{2}. \qquad \square$$

例 4.4.5　求椭圆 $\dfrac{x^2}{a^2}+\dfrac{y^2}{b^2}=1\,(a,b>0)$ 绕 y 轴旋转一周所得旋转体的体积.

解　这个旋转椭球体可看作是由右半椭圆

$$x=\frac{a}{b}\sqrt{b^2-y^2}$$

绕 y 轴旋转而成的,由(4.4.5)式,得

$$V_y=\pi\int_{-b}^{b}x^2\mathrm{d}y=2\pi\int_0^b\frac{a^2}{b^2}(b^2-y^2)\mathrm{d}y=\frac{4}{3}\pi a^2 b.\qquad\qquad\square$$

4.4.3　定积分的经济应用

我们在第 3 章 3.9.1 中介绍导数在经济学中的应用时,引入了边际函数,例如边际成本为成本函数的导函数,而边际收益是收益函数的导函数以及边际利润为利润函数的导函数. 由于积分是微分的逆运算,因此定积分在经济学中也有很多应用.

由牛顿-莱布尼兹公式,若 $F'(x)$ 为连续函数,那么

$$\int_0^x F'(x)\mathrm{d}x=F(x)-F(0),$$

从而

$$F(x)=F(0)+\int_0^x F'(x)\mathrm{d}x.$$

由上式,若已知边际成本 $C'(x)$ 及固定成本 $C(0)$,则总成本函数为

$$C(x)=C(0)+\int_0^x C'(x)\mathrm{d}x.$$

若已知边际收益 $R'(x)$ 及 $R(0)=0$,则总收益函数为

$$R(x)=\int_0^x R'(x)\mathrm{d}x.$$

若已知边际利润函数为 $L'(x)=R'(x)-C'(x)$ 及 $L(0)=R(0)-C(0)=-C(0)$,则总利润函数为

$$L(x) = \int_0^x L'(x)\mathrm{d}x + L(0) = \int_0^x [R'(x)-C'(x)]\mathrm{d}x - C(0).$$

当产量由 a 个单位变到 b 个单位时,上述经济函数的改变量分别为

$$C(b)-C(a) = \int_a^b C'(x)\mathrm{d}x,$$

$$R(b)-R(a) = \int_a^b R'(x)\mathrm{d}x,$$

$$L(b)-L(a) = \int_a^b L'(x)\mathrm{d}x = \int_a^b [R'(x)-C'(x)]\mathrm{d}x.$$

上述是以总成本、总收益、总利润函数为例,说明了已知其变化率(即边际函数,也即导数)如何求总量函数. 已知其他经济函数的变化率求其总量函数的情况类似.

例 4.4.6 已知生产某商品的固定成本为 6 万元,边际成本和边际收益分别为(单位:万元/百台)

$$C'(Q) = 3Q^2 - 18Q + 36, \quad R'(Q) = 33 - 8Q,$$

(1) 求生产 Q 个产品的总成本函数;

(2) 产量由 1 百台增加到 4 百台时,总收益和总成本各增加多少?

(3) 产量为多少时,总利润最大?

解 (1) $C(Q) = C(0) + \int_0^Q C'(Q)\mathrm{d}Q = \int_0^Q (3Q^2 - 18Q + 36)\mathrm{d}Q + 6$

$$= Q^3 - 9Q^2 + 36Q + 6;$$

(2) $R(4)-R(1) = \int_1^4 R'(Q)\mathrm{d}Q = \int_1^4 (33-8Q)\mathrm{d}Q = 39(万元)$,

$$C(4)-C(1) = \int_1^4 C'(Q)\mathrm{d}Q = \int_1^4 (3Q^2 - 18Q + 36)\mathrm{d}Q = 36(万元);$$

（3）由极值存在的必要条件，令边际利润 $L'(Q)=0$，即 $R'(Q)-C'(Q)=0$，解得 $Q_1=\dfrac{1}{3}$（百台），$Q_2=3$（百台）．

$$L''(Q)=R''(Q)-C''(Q)=10-6Q,$$

$$L''\left(\frac{1}{3}\right)=8>0, L''(3)=-8<0.$$

因此，当 $Q=3$（百台）时，$L(Q)$ 达最大．　　　　　　　　□

例 4.4.7　已知某产品的年销售率为

$$f(t)=100+10t-0.45t^2（单位：T/h），$$

试求该产品头 3 年的总销售量．

解　设产品的总销售量为 $Q(t)$，由题意可得，

$$Q'(t)=f(t)=100+10t-0.45t^2,$$

故 3 年的总销售量为

$$Q(3)=\int_0^3 Q'(t)\mathrm{d}t=\int_0^3(100+10t-0.45t^2)\mathrm{d}t=340.95(T).　　□$$

习　题　4.4

A 组

1. 求由 $y=a-x^2\,(a>0)$ 与 x 轴所围成的图形的面积．

2. 求由曲线 $y=x^2$ 与 $y=2-x^2$ 所围成的图形的面积．

3. 求由曲线 $y=x^2$ 与 $x=y^2$ 所围成的图形的面积．

4. 求由曲线 $y=x^2$，$y=\dfrac{x^2}{4}$ 与直线 $y=1$ 所围成的图形的面积．

5. 求由曲线 $r=2a\cos\theta$ 所围成的图形的面积．

6. 求由曲线 $r=2a(2+\cos\theta)$ 所围成的图形的面积．

7. 求由曲线 $y=\sqrt{x}$ 与直线 $x=1,x=4,y=0$ 所围图形绕 x 轴旋转一周形成的立体体积.

8. 求由曲线 $y=x^3$ 与直线 $x=2,y=0$ 所围图形绕 y 轴旋转一周形成的立体体积.

9. 已知生产某产品的固定成本为 10 万元, 边际成本与边际收益分别为（单位:万元/吨）

$$C'(Q)=Q^2-5Q+40, \quad R'(Q)=50-2Q.$$

求:(1) 总成本函数;(2) 总收益函数;(3) 总利润函数及利润达最大时的产量.

10. 设某产品在时刻 t 的总产量变化率为 $f(t)=100+12t-0.6t^2$,求从 $t=2$ 到 $t=4$ 的总产量.

B 组

1. 求由曲线 $x=2y^2+3y-5$ 与 $x=1-y^2$ 围成的图形的面积.

2. 求由曲线 $y=\sin x,y=\cos x$ 与直线 $x=0,x=\pi$ 围成的图形的面积.

3. 求由曲线 $y=\sqrt{x-1}$ 过原点的切线, x 轴与曲线 $y=\sqrt{x-1}$ 围成的图形分别绕 x 轴与 y 轴旋转一周所得的旋转体的体积.

4. 过原点作曲线 $y=\ln x$ 的切线,该切线与 $y=\ln x$ 及 x 轴围成平面图形 D.

(1) 求 D 的面积 A;

(2) 求 D 绕直线 $x=e$ 旋转一周所得旋转体的体积 V.

5. 已知某产品的边际收益 $R'(x)=200-0.01x(x\geqslant 0)$.

(1) 求生产 50 个单位产品时的总收益;

(2) 若已生产了 100 个单位,求再生产 100 个单位时的总收益.

习题参考答案

习题 1.1

A 组

1. (1) ×；　(2) √；　(3) ×；　(4) √；　(5) ×；　(6) √.

2. (1) $\{3,9\}$；　(2) $\{1,3,5,6,7,9\}$；　(3) $\{1,5,7\}$.

3. 10 个.

4. (1) $\sup S_1$ 不存在，$\inf S_1 = 0$；　(2) $\sup S_2$ 不存在，$\inf S_2 = 0$；　(3) $\sup S_3 = 100$，$\inf S_3 = -3$.

B 组

1. 略.　　2. $a = -2, b = -3$.

习题 1.2

A 组

1. (1) $\{x \mid -2 \leqslant x < 1\}$；　(2) $\{x \mid x > 2 \text{ 且 } x \neq k, k = 3,4,5\cdots\}$；　(3) $\{x \mid -1 \leqslant x \leqslant 2\}$；
(4) $\{x \mid -2 \leqslant x \leqslant 4\}$；　(5) $\left\{ x \mid x \in \mathbf{R}, x \neq k\pi + \dfrac{\pi}{2} - 1, k \in \mathbf{Z} \right\}$；　(6) $\{x \mid x \leqslant 0 \text{ 或 } x > 1\}$.

2. (1) 相同；　(2) 相同；　(3) 不相同；　(4) 不相同.

3. (1) 奇；　(2) 偶；　(3) 奇；　(4) 偶.

4. (1) $T = 2\pi$；　(2) $T = 2$；　(3) $T = \pi$；　(4) 不是周期函数.

5. $f(f(x)) = x^4, f(g(x)) = \sin^2 x, g(f(x)) = \sin x^2$.

6. (1) $f(x) = x^2 + x - 2$；　(2) $f(x) = x^2 + 1$.

7. (1) $y = \ln u, u = \sin v, v = \sqrt{x}$；　(2) $y = e^u, u = v^2, v = \cos x$；　(3) $y = \arcsin u$,

$u=\dfrac{3x}{1+x^2}$.

8. (1) $\dfrac{1}{2}(x^3-1)$;　(2) $\dfrac{5x-1}{2x+3}$;　(3) $\ln\dfrac{x}{1-x}$;　(4) $\dfrac{1}{2}(\arcsin x-1)$.

9. $S=\dfrac{1}{2}+\dfrac{2}{x}+4x$.

10. $y=\begin{cases} 0.9x, & 0\leqslant x\leqslant5;\\ 1+0.7x, & 5<x\leqslant10;\\ 3+0.5x, & x>10. \end{cases}$　11. 略.

12. (1) $(x-a)^2+y^2=a^2$;　(2) $x^2+y^2=a(\sqrt{x^2+y^2}+x)$.

13. (1) $\rho=2\sin\theta$;　(2) $\rho^2\cos2\theta=1$.

14. 10,240.

15. (1) 20;　(2) 260,13;　(3) 140,7.

16. $1\,000Q-\dfrac{1}{8}Q^2$.

17. (1) $C(Q)=35\,000+15Q,R(Q)=50Q$;　(2) 1 000.

18. $R(Q)=\begin{cases} 130Q, & 0\leqslant Q\leqslant700;\\ 9\,100+117Q, & 700<Q\leqslant1\,000. \end{cases}$

B组

1. $a<-1$ 或 $a>2$ 时,$D_f=\varnothing$;　$-1\leqslant a\leqslant0$ 时,$D_f=[-a,1]$;　$0<a\leqslant1$ 时,$D_f=$ $[-a,1-a]$;　$1<a\leqslant2$ 时,$D_f=[-1,1-a]$.

2. 奇.

3. $f(\varphi(x))=\begin{cases} 1, & x>1;\\ 0, & x=1;\\ -1, & 0<x<1; \end{cases}$　$\varphi(f(x))=0,x>0$.

4. $f^{-1}(x)=\begin{cases} \tan\left(\dfrac{\pi}{4}x\right), & 1<|x|<2;\\ \dfrac{2}{\pi}\arcsin x, & |x|\leqslant1. \end{cases}$

5. (1) $Q=80\,000-1\,000P$;　(2) $S=3\,000+100P$;　(3) $P=70,Q=10\,000$.

6. (1) $P=\begin{cases} 90, & 0\leqslant Q\leqslant 100; \\ 91-0.01Q, & 100<Q\leqslant 1\,600; \\ 75, & Q>1\,600; \end{cases}$

(2) $L=\begin{cases} 30Q, & 0\leqslant Q\leqslant 100; \\ 31Q-0.01Q^2, & 100<Q\leqslant 1\,600; \\ 15Q, & Q>1\,600; \end{cases}$ (3) 21 000.

习题 2.1

A 组

1. (1) 1; (2) $\dfrac{1}{3}$; (3) 发散; (4) 发散.

2. 略.

3. (1) 发散; (2) 不一定; (3) 不能; (4) 不能.

4. (1) 1; (2) 0; (3) e; (4) e^{-1}.

5. (1) 3; (2) -1; (3) 1; (4) $\dfrac{1}{2}$; (5) 2; (6) 发散.

6. (1) 1; (2) $\dfrac{1}{2}$; (3) 1.

7. 3. 8. $\dfrac{3}{2}$.

B 组

1. 略. 2. 略.

3. (1) 0; (2) 0; (3) 1; (4) 3; (5) $\dfrac{\sqrt{2}}{2}$.

4. 略. 5. $\sqrt{a}$. 6. 0.

习题 2.2

A 组

1. $\lim\limits_{x\to 0^-}f(x)=-1,\ \lim\limits_{x\to 0^+}f(x)=1,\ \lim\limits_{x\to 0}f(x)$不存在.

2. $\lim\limits_{x\to 0^-}f(x)=2$, $\lim\limits_{x\to 0^+}f(x)=0$, $\lim\limits_{x\to 0}f(x)$ 不存在.   3. 略.

4. (1) $-\dfrac{7}{3}$;   (2) 0;   (3) 0;   (4) $-\dfrac{2}{5}$;   (5) 2;   (6) 0.

5. (1) 1;   (2) 0;   (3) 1;   (4) 0.

6. (1) $\dfrac{3}{7}$;   (2) 0;   (3) $\dfrac{a}{b}$;   (4) 1;   (5) -50;   (6) $-\dfrac{\sqrt{2}}{6}$;   (7) e;   (8) $\dfrac{1}{\ln a}$;

(9) 0;   (10) 当 $n>m$ 时，极限为 0;当 $n=m$ 时，极限为 1;当 $n<m$ 时，极限为 ∞.

7. $\ln 2$.   8. $-\dfrac{3}{2}$.

B组

1. 略.   2. 略.

3. (1) $e^{-\frac{1}{2}}$;   (2) e^2;   (3) $\dfrac{1}{\sqrt{e}}$;   (4) 0;   (5) $\dfrac{1}{2}\pi^2$;   (6) $\dfrac{2}{\pi}$;   (7) $-\dfrac{3}{2}$.

4. (1) 0;   (2) $\dfrac{1}{2}$;   (3) 2;   (4) 2;   (5) $\dfrac{3}{2}e$;   (6) 0;   (7) $\dfrac{3}{2}$;   (8) 1.

5. $a=1,b=-4$.   6. 4.

习题 2.3

A组

1. $a=0$.

2. (1) $f(x)$ 在 $(-\infty,+\infty)$ 内连续;   (2) $f(x)$ 在 $(-\infty,0)$ 及 $(0,+\infty)$ 内连续，$x=0$ 为无穷间断点.

3. (1) $x=0$ 为可去间断点，$x=k\pi(k\neq 0,k\in Z)$ 为无穷间断点;   (2) $x=0$ 为跳跃间断点;   (3) $x=1$ 为可去间断点，$x=2$ 为无穷间断点;   (4) $x=0$ 为可去间断点;   (5) $x=0$ 为跳跃间断点;   (6) $x=0$ 为可去间断点.

4. $x=1$ 为无穷间断点，$x=0$ 为跳跃间断点.

5. $a=0,b=e$.   6. 略.   7. 略.

B组

1. (1) $x=0$ 及 $x=\dfrac{\pi}{2}+k\pi(k=0,\pm 1,\cdots)$ 为可去间断点，$x=k\pi(k=\pm 1,\pm 2,\cdots)$ 为无

穷间断点；（2）$x=0$ 为跳跃间断点；（3）$x=-1$ 为跳跃间断点；（4）$x=\pm 1$ 为跳跃间断点.

2. $\dfrac{1}{2}$.　3. -2.　4. 2.　5. 1.

6. $x=0$ 为可去间断点，$x=1$ 为跳跃间断点.

7. 略.

习题 3.1

A 组

1. $\bar{v}=17.2$；$v(3)=17$.

2. $y-2=-4(x+1)$.

3. （1）$-f'(x_0)$；　（2）$f'(x_0)$；　（3）$2f'(x_0)$.

4. $y'_+(0)=-1$；　$y'_-(0)=1$.　5. （1）$a=0,b=1$；　（2）$a=1,b=0$.

B 组

1. （1）$m>0$；　（2）$m>1$.　2. 0.　3. 略.　4. 略.

习题 3.2

A 组

1. （1）$12x^2+x^{-\frac{1}{2}}+\dfrac{\sqrt[3]{4}}{3}x^{-\frac{2}{3}}$；　（2）$-x^{-2}-4x^{-3}-\dfrac{9}{4}x^{\frac{7}{4}}$；　（3）$3x^2\log_3 x+\dfrac{x^2}{\ln 3}$；

（4）$\dfrac{2\cos x}{(1-\sin x)^2}$；　（5）$\sin 2x$；　（6）$\dfrac{-2x(\sin x+\cos x)-(1-x^2)(\cos x-\sin x)}{(\sin x+\cos x)^2}$.

2. （1）$3\dfrac{x^2\sin x\cos x^3-\sin x^3\cos x}{\sin^4 x}$；　（2）$3(x^3+2x+1)^2(3x^2+2)$；　（3）$2(\sin x+$

$\cos 2x)(\cos x-2\sin 2x)$；　（4）$\cot x$；　（5）$-\dfrac{3x^2}{2\sqrt{1+x^2}}\sin\sqrt{1+x^3}$；　（6）$\dfrac{-2}{x\sqrt{x^4-1}}$；

（7）$\dfrac{4x}{1+x^4}\arctan x^2$；　（8）$\dfrac{-8x(x^2+1)}{(x^2-1)^3}$；　（9）$\dfrac{e^{\cos^2\frac{1}{x}}\sin\frac{2}{x}}{x^2}$；　（10）$\dfrac{1}{1+x^2}$.

3. （1）$2xf'(x^2)$；　（2）$f'(f(x))f'(x)$；　（3）$\dfrac{f'(\ln x)}{x}$；　（4）$-f'\left(\dfrac{1}{f(x)}\right)\dfrac{f'(x)}{f^2(x)}$；

(5) $\dfrac{1}{2}(f(x))^{-\frac{1}{2}}f'(x)$；　(6) $\cos(f(\sin x))f'(\sin x)\cos x$；　(7) $f'(\mathrm{e}^x)\mathrm{e}^x\mathrm{e}^{f(x)}+f(\mathrm{e}^x)$
$\mathrm{e}^{f(x)}f'(x)$.

4.（1）$-\dfrac{\mathrm{e}^y}{1+x\mathrm{e}^y}$；　　（2）$-\dfrac{y\cos xy+2xy}{x\cos xy+x^2}$；　　（3）$\dfrac{1-y(x+y)}{x(x+y)-1}$；

(4) $\dfrac{3y^2\cos x-2xy\ln y}{x^2-3y\sin x}$.

5. (1) $(\sin x)^x(\ln\sin x+x\cot x)$；　(2) $\sqrt[3]{\dfrac{1+2x}{1-3x}}\Big(\dfrac{2}{3(1+2x)}+\dfrac{1}{1-3x}\Big)$；

(3) $\dfrac{\sqrt{x}\sin x}{(3x^2+2)\sqrt[5]{x+2}}\Big(\dfrac{1}{2x}+\cot x-\dfrac{6x}{3x^2+2}-\dfrac{1}{5(x+2)}\Big)$；

(4) $x(x-1)(x-2)\cdots(x-100)\Big(\dfrac{1}{x}+\dfrac{1}{x-1}+\cdots+\dfrac{1}{x-100}\Big)$.

6. (1) $\dfrac{4}{9t}$；　(2) $\dfrac{2\mathrm{e}^{3t}}{1-t}$；　(3) $\dfrac{3t\sqrt{1+5t^2}}{5\sqrt{2t^3-3}}$；　(4) $\dfrac{1+3t^3}{9(1+t^2)^2}$.

B 组

1. (1) $\dfrac{2x}{f'(x^2)}$；　(2) $\dfrac{-f'(x)}{f^2(x)}f'\Big(\dfrac{1}{f(x)}\Big)$.

习题 3.3

A 组

1. (1) $20x^3+24x-4,-4$；　(2) 2；　(3) $6x\cos x^3-9x^4\sin x^3$；　(4) $2^x(\ln 2)^3\ln x+$
$\dfrac{3\cdot 2^x(\ln 2)^2}{x}-\dfrac{3\cdot 2^x\ln 2}{x^2}+\dfrac{2^{x+1}}{x^3}$；　(5) $\mathrm{e}^x x^{-1}-3\mathrm{e}^x x^{-2}+6\mathrm{e}^x x^{-3}-6\mathrm{e}^x x^{-4}$；　(6) $(2x^2+3)\cos x+$
$4000x\sin x-1998000\cos x$；　(7) $(-1)^n n!\left[(x-2)^{-(n+1)}-(x-1)^{-(n+1)}\right]$.

2. (1) $\dfrac{2y(\mathrm{e}^y-x)-y^2\mathrm{e}^y}{(\mathrm{e}^y-x)^3}$；　(2) $(x+y)(\cos^2 x-\sin x)$.

3. (1) $\dfrac{1-\cos t}{\sin^3 t}$；　(2) $-\dfrac{15}{4(3t-1)^{\frac{3}{2}}}$.

4. (1) $\dfrac{1}{x^2}(f''(\ln x)-f'(\ln x))$；　(2) $2f'(x^2)+4x^2 f''(x^2)$；

(3) $\dfrac{2}{x^3}f'\left(\dfrac{1}{x}\right)+\dfrac{1}{x^4}f''\left(\dfrac{1}{x}\right)$;　(4) $e^{-x}f'(e^{-x})+e^{-2x}f''(e^{-x})$.

B 组

略.

习题 3.4

A 组

1. (1) $\dfrac{1}{(1-x)^2}dx$;　(2) $e^x(\sin x+\cos x)dx$;　(3) $\dfrac{1-3\ln x}{x^4}dx$;

(4) $\dfrac{x^3+2a^2x}{(x^2+a^2)^{3/2}}dx$.

2. (1) $\sin x$;　(2) $-\dfrac{1}{x}$;　(3) $\dfrac{2}{3}x^{\frac{3}{2}}$;　(4) $-\dfrac{\cot 2x}{2}$.

3. (1) $-\dfrac{x\sin\sqrt{x^2+4}}{\sqrt{x^2+4}}dx$;　(2) $-\dfrac{2^{\sec^2\frac{1}{x}}\ln 2}{x^2}\tan\dfrac{1}{x}\sec^2\dfrac{1}{x}dx$.

4. (1) $\dfrac{4}{3}x-2+\dfrac{1}{3x}$;　(2) $2\sqrt{x}\left(e^x+\dfrac{1}{x}\right)$.

5. 略.　6. (1) 0.545;　(2) 1.15;　(3) 3.037.

习题 3.5

A 组

1. $\xi=\dfrac{\pi}{2}$.　2. $\xi=\dfrac{5\pm\sqrt{13}}{12}$.　3. $\xi=\dfrac{14}{9}$.

4. 恰有 3 根,分别在区间 $(-3,-2),(-2,-1)$ 及 $(-1,0)$ 内.

5. 略　6. 略　7. 略

8. $1+\dfrac{x^2}{2!}+\dfrac{x^4}{4!}+\cdots+\dfrac{x^{2n}}{(2n)!}+o(x^{2n})$.

9. (1) $\dfrac{1}{6}$;　(2) $-\dfrac{1}{32}$;　(3) $\dfrac{1}{3}$.

B组

1. 设 $F(x)=f(x)\sin x$，对 $F(x)$ 在 $[0,\pi]$ 上使用罗尔定理.

2. 在 $[a,c],[c,b]$ 上使用拉格朗日中值定理，使得 $f'(\xi_1)>0,f'(\xi_2)<0$. 然后在 $[\xi_1,\xi_2]$ 上对 $f'(x)$ 使用拉格朗日中值定理.

3. $a=1,b=-1,4$ 阶.

习题 3.6

A组

1. (1) 极限为1,不能用洛必达法则求出； (2) 极限为1,不能用洛必达法则求出.

2. (1) $\cos a$； (2) $\ln\dfrac{a}{b}$； (3) $\dfrac{b^2-a^2}{2}$； (4) 1； (5) $\dfrac{1}{3}$； (6) 1； (7) 0；

(8) $\dfrac{1}{3}$.

3. (1) $-\dfrac{1}{2}$； (2) $\dfrac{1}{2}$； (3) $\dfrac{1}{3}$； (4) 1； (5) 1； (6) $+\infty$； (7) 1； (8) $\sqrt{ab}$；

(9) 1.

B组

1. 略 2. (1) $a=1$； (2) $k=1$.

3. (1) $\dfrac{1}{6}$； (2) $\dfrac{1}{2}$； (3) $\dfrac{1}{4}$； (4) $\sqrt{e}$.

习题 3.7

A组

1. (1) 增区间 $(-\infty,-1)$ 和 $(3,+\infty)$，减区间 $(-1,3)$，极大值 $y(-1)=5$，极小值 $y(3)=-27$；

(2) 增区间 $(-1,1)$，减区间 $(-\infty,-1)$ 和 $(1,+\infty)$，极大值 $y(1)=1$，极小值 $y(-1)=-1$；

(3) 增区间 $(-\infty,-1)$ 和 $(0,1)$，减区间 $(-1,0)$ 和 $(1,+\infty)$，极大值 $y(-1)=y(1)=\dfrac{1}{e}$，极小值 $y(0)=0$；

(4) 增区间 $(-\infty,-1)$ 和 $(1,+\infty)$，减区间 $(-1,1)$，极大值 $y(-1)=0$，极小值 $y(1)$ $=-3\sqrt[3]{4}$；

(5) 增区间 $(-\infty,1)$，减区间 $(1,+\infty)$，极大值 $y(1)=\dfrac{\pi}{4}-\dfrac{1}{2}\ln 2$；

(6) 增区间 $\left(-\infty,\dfrac{2}{3}a\right)$ 和 $(a,+\infty)$，减区间 $\left(\dfrac{2}{3}a,a\right)$，极大值 $y\left(\dfrac{2}{3}a\right)=\dfrac{1}{3}a$，极小值 $y(a)=0$.

2. (1) $M=13, m=4$；　(2) $M=\dfrac{5}{4}, m=\sqrt{6}-5$；　(3) $M=\ln 5, m=0$；　(4) $M=20, m=0$.　3. 略.

4. $a=2$，极大值.

5. $a=-2, b=-\dfrac{1}{2}$.

6. 6，3，4.

7. 长为 10，宽为 5.

8. 20，2346.

9. (1) 20；　(2) 10；　(3) 10.

B 组

1. 略.　2. 略.　3. 8%.

习题 3.8

A 组

1. (1) 凸区间 $\left(-\infty,\dfrac{1}{2}\right)$，凹区间 $\left(\dfrac{1}{2},+\infty\right)$，拐点 $\left(\dfrac{1}{2},\dfrac{13}{2}\right)$；

(2) 凸区间 $(-\infty,0)$，凹区间 $(0,+\infty)$，无拐点；

(3) 凸区间 $(-\infty,-1)$ 和 $(1,+\infty)$，凹区间 $(-1,1)$，拐点 $(1,\ln 2)$ 及 $(-1,\ln 2)$；

(4) 凸区间 $(0,1)$，凹区间 $(1,+\infty)$，拐点 $(1,-7)$；

(5) 凸区间 $(-3,0)$，凹区间 $(-\infty,-3)$ 和 $(0,+\infty)$，拐点 $(0,0)$ 及 $(-3,12\mathrm{e}^{-3})$；

(6) 凸区间 $(-\infty,-1)$ 和 $\left(-1,\dfrac{7}{2}\right)$，凹区间 $\left(\dfrac{7}{2},+\infty\right)$，拐点 $\left(\dfrac{7}{2},\dfrac{8}{27}\right)$.

2. $a=-3, b=6$.

3. $a=3, b=-9, c=8$.

4. (1) $y=0$；　(2) $x=-3, x=1, y=x-2$；　(3) $y=0, x=0$；　(4) $y=2x+\dfrac{\pi}{2}$，

$y=2x-\dfrac{\pi}{2}$.

B组

1. $k=\pm\dfrac{\sqrt{2}}{8}$.

2. 凸区间 $(-\infty,0)$ 和 $(0,+\infty)$，无拐点.

3. $(1,4)$.　4. 略.

习题 3.9

A组

1. $0.02Q+10, -0.01Q^2+20Q-1000, 1000$.

2. (1) $100, 250$；　(2) 250.

3. (1) $0, -20$；　(2) 25.

4. $2P\ln 2, 16\ln 2$.

5. (1) $-6, -10, \dfrac{1}{2}, \dfrac{5}{2}$；　(2) $\sqrt{15}$.

6. (1) a；　(2) kx；　(3) $\dfrac{\sqrt{x}}{2(\sqrt{x}-4)}$；　(4) $\dfrac{x}{2(x-9)}$.

7. $3+Q, \dfrac{50}{\sqrt{Q}}, \dfrac{50}{\sqrt{Q}}-3-Q$.

8. (1) $150x-0.5x^2$；　(2) $-4000+150x-0.75x^2$；　(3) $100, 100$.

B组

1. (1) $\dfrac{5}{2}(4-t)$；　(2) 2.

2. (1) 略.　(2) $\dfrac{7}{13}$.　3. 略.

习题 4.1

A 组

1. (1) $\dfrac{(2e)^x}{\ln(2e)}+C$; (2) $\dfrac{3^x}{\ln 3}-5\cos x+C$; (3) $2\ln|x|+\arcsin x+C$;

(4) $\dfrac{x^3}{3}-x+\arctan x+C$; (5) $\dfrac{1}{2}(x-\sin x)+C$; (6) $-\dfrac{1}{x}-\arctan x+C$.

2. $y=\dfrac{1}{2}x^2+e^x+1$.

3. (1) $-\dfrac{1}{3}\ln|5-3x|+C$; (2) $\sqrt{3+2x}+C$; (3) $-\dfrac{1}{2}e^{-2x}+C$; (4) $-\dfrac{1}{4}e^{-2x^2}+$

C; (5) $-e^{\frac{1}{x}}+C$; (6) $\dfrac{1}{2\cos^2 x}+C$; (7) $\dfrac{1}{2}\ln|3+2\ln x|+C$; (8) $\dfrac{1}{3}(\arcsin x)^3+$

C; (9) $\ln(2+e^x)+C$; (10) $-\dfrac{1}{x-\sin x}+C$; (11) $2\sqrt{x-1}-2\arctan\sqrt{x-1}+C$;

(12) $\dfrac{2}{3}\sqrt{(1+x)^3}-(x+1)+C$; (13) $\ln|x+\sqrt{x^2+1}|+C$; (14) $\arctan\sqrt{x^2-1}+$

C; (15) $-\dfrac{\sqrt{4+x^2}}{4x}+C$.

4. (1) $\left(\dfrac{x^3}{3}+x\right)\ln x-\dfrac{x^3}{9}-x+C$; (2) $-\dfrac{1}{9}(3x+1)e^{-3x}+C$; (3) $x\ln(1+x^2)-$

$2x+2\arctan x+C$; (4) $-x^2\cos x+2x\sin x+2\cos x+C$; (5) $2\sqrt{x}\sin\sqrt{x}+2\cos\sqrt{x}+C$;

(6) $\dfrac{1}{3}x^3\arctan x-\dfrac{1}{6}x^2+\dfrac{1}{6}\ln(1+x^2)+C$; (7) $\dfrac{x}{2}\left[\sin(\ln x)+\cos(\ln x)\right]+C$;

(8) $\dfrac{e^x}{2}(\sin x-\cos x)+C$; (9) $(\sqrt{2x-1}-1)e^{\sqrt{2x-1}}+C$.

5. $e^{2x}(2x-1)+C$.

6. (1) $-\ln|x-1|+2\ln|x-3|+C$; (2) $2\ln\left|\dfrac{x+1}{x}\right|-\dfrac{1}{x}+C$; (3) $\ln|x|-$

$\dfrac{1}{2}\ln(x^2+1)+C$; (4) $\dfrac{x^3}{3}+\dfrac{x^2}{2}+2x+2\ln|x-1|+C$; (5) $\ln|x^2+3x-4|+C$;

(6) $\ln\left|\dfrac{(x-3)^5}{(x-2)^3}\right|+C$.

7. (1) $\tan x - \sec x + C$;　(2) $-\cot x - \tan x + C$;　(3) $\dfrac{1}{3}\sin^3 x - \dfrac{2}{5}\sin^5 x +$

$\dfrac{1}{7}\sin^7 x + C$;　(4) $-\dfrac{x}{2\sin^2 x} - \dfrac{1}{2}\cot x + C$.

B组

1. (1) $\ln|\ln\ln x| + C$;　(2) $\dfrac{1}{6}e^{2x^3+5} + C$;　(3) $x - \ln(1+e^x) + C$;　(4) $2(\sqrt{e^x-1}$

$-\arctan\sqrt{e^x-1}) + C$;　(5) $\arcsin\dfrac{x-2}{2} + C$;　(6) $x(\arcsin x)^2 + 2\sqrt{1-x^2}\arcsin x -$

$2x + C$;　(7) $\dfrac{1}{3}(x^3-1)e^{x^3} + C$;　(8) $x - e^{-x}\arctan e^x - \dfrac{1}{2}\ln(1+e^{2x}) + C$;

(9) $\dfrac{1}{8}\ln\dfrac{x^2}{x^2+4} + \dfrac{1}{2}\arctan\dfrac{x}{2} + C$;　(10) $\ln\dfrac{(x-1)^2}{\sqrt{x^2-x+1}} + \dfrac{5}{\sqrt{3}}\arctan\dfrac{2x-1}{\sqrt{3}} + C$;

(11) $\dfrac{1}{\sqrt{2}}\arctan\dfrac{x^2-1}{\sqrt{2}x} + C$.

2. $e^x f'(e^x) - f(e^x) + C$.

习题 4.2

A组

1. (1) $\dfrac{3}{2}$;　(2) 0;　(3) $\dfrac{9\pi}{2}$.

2. (1) $>$;　(2) $<$.

3. (1) $[6,51]$;　(2) $\left(\dfrac{2}{e}, 2\right]$;　(3) $[-2e^2, -2e^{-\frac{1}{4}}]$.

4. (1) $\sin x^2$;　(2) $-x^2\cos 2x$;　(3) $\cos x\sqrt{1+\sin^3 x}$;

(4) $\dfrac{4x^3\sin x^4}{\sqrt{1+e^{x^4}}} - \dfrac{2x\sin x^2}{\sqrt{1+e^{x^2}}}$.

5. (1) $1/2$;　(2) e;　(3) $\dfrac{\pi^2}{4}$;　(4) $\dfrac{1}{2e}$.

6. $-e^{x^2}\cos x^2$.　7. (1) $\dfrac{65}{24}$;　(2) $-\ln 2$;　(3) $\dfrac{\pi}{6}$;　(4) $1-\dfrac{\sqrt{3}}{3}-\dfrac{\pi}{12}$;　(5) $1-\dfrac{\pi}{4}$;

(6) $37\dfrac{1}{3}$;　(7) $\dfrac{11}{6}$;　(8) $4-2\arctan 2$;　(9) $\dfrac{56}{3}$;　(10) $2-\dfrac{\pi}{2}$;　(11) $\dfrac{4}{3}$;

(12) π;　(13) $\dfrac{\pi}{4}$;　(14) $\dfrac{\pi a^4}{16}$;　(15) $\dfrac{1}{4}$;　(16) 2;　(17) $\dfrac{1}{5}(e^{\pi}-2)$;　(18) $e-2$.

7. 略.　8. $x=0$ 时取极小值 0;　$x=\pm\sqrt{2}$ 时取极大值 $1+e^{-2}$.

9. 略.

10. (1) 0;　(2) 0;　(3) $\dfrac{\pi^3}{324}$.

B 组

1. $f(x)=-2x-1$.　2. $e^{-2}-1$.　3. $f(x)=\cos x-\sin x$.　4. $\dfrac{1}{2}\sin 1+2(e^2-e)$.

5. $\dfrac{1}{2}$.

6. $F(x)=\begin{cases} 0, & x<0; \\ \dfrac{1}{2}(1-\cos x), & 0\leqslant x\leqslant\pi; \\ 1, & x>\pi. \end{cases}$

习题 4.3

A 组

1. (1) $\dfrac{1}{3}$;　(2) $\dfrac{2}{3}\ln 2$;　(3) π;　(4) $\ln 2$.

2. (1) -1;　(2) 1;　(3) π;　(4) 不收敛.

3. 当 $p>1$ 时,收敛于 $\dfrac{(\ln 2)^{1-p}}{p-1}$;当 $p\leqslant 1$ 时,发散.

4. 当 $q<1$ 时,收敛于 $\dfrac{(b-a)^{1-q}}{1-q}$;当 $q\geqslant 1$ 时,发散.

B 组

1. $\dfrac{1}{2}$.　2. $\dfrac{\pi^2}{16}+\dfrac{1}{4}$.　3. -2.

4. (1) $10!$;　(2) $\dfrac{3}{4}\sqrt{\pi}$;　(3) 1.

习题 4.4

A组

1. $\dfrac{4}{3}a^{\frac{3}{2}}$.　2. $\dfrac{8}{3}$.　3. $\dfrac{1}{3}$.　4. $\dfrac{4}{3}$.　5. πa^2.　6. $18\pi a^2$.　7. $\dfrac{15}{2}\pi$.　8. $\dfrac{64}{5}\pi$.

9. $C(Q)=\dfrac{1}{3}Q^3-\dfrac{5}{2}Q^2+40Q+10$;　$R(Q)=50Q-Q^2$;　$L(Q)=10Q+\dfrac{3}{2}Q^2-$

$\dfrac{1}{3}Q^3-10, Q=5$ 时利润最大.

10. 260.8.

B组

1. $\dfrac{27}{2}$.　2. $2\sqrt{2}$.　3. $V_x=\dfrac{\pi}{6}, V_y=\dfrac{8}{15}\pi$.

4. (1) $\dfrac{1}{2}e-1$;　(2) $\dfrac{\pi}{6}(5e^2-12e+3)$.

5. (1) 9 987.5;　(2) 19 850.